ISW Forschung und Praxis

Berichte aus dem Institut für Steuerungstechnik
der Werkzeugmaschinen und Fertigungseinrichtungen
der Universität Stuttgart

Herausgeber: Prof. Dr.-Ing. G. Pritschow

Band 89

Gregor Diehl

Steuerungsperipheres Diagnosesystem für Fertigungseinrichtungen auf Basis überwachungsgerechter Komponenten

Springer-Verlag
Berlin Heidelberg New York
London Paris Tokyo
Hong Kong Barcelona Budapest 1992

D 93

Mit 59 Abbildungen

ISBN-13: 978-3-540-55266-6   e-ISBN-13: 978-3-642-48205-2
DOI:10.1007/978-3-642-48205-2

Gesamtherstellung: Druckerei Kuhnle, Esslingen
62/3020-543210

Steuerungsperipheres Diagnosesystem
für Fertigungseinrichtungen auf
Basis überwachungsgerechter Komponenten

Von der Fakultät Konstruktions- und Fertigungstechnik
der Universität Stuttgart
zur Erlangung der Würde eines
Doktors der Ingenieurwissenschaften (Dr.-Ing.)
genehmigte Abhandlung

vorgelegt von
Dipl.-Ing. Gregor Diehl
geboren in Siegen

Hauptberichter: Prof. Dr.-Ing. A. Storr
Mitberichter: Prof. Dr.-Ing. R. Lauber
Tag der Einreichung: 1. Februar 1991
Tag der mündlichen Prüfung: 28. Oktober 1991

1992

Geleitwort des Herausgebers

In der Reihe „ISW Forschung und Praxis" wird fortlaufend über Forschungs-
ergebnisse des Instituts für Steuerungstechnik der Werkzeugmaschinen und
Fertigungseinrichtungen der Universität Stuttgart (ISW) berichtet, das sich in
vielfältiger Form mit der Weiterentwicklung des Systems Werkzeugmaschine
und anderer Fertigungseinrichtungen beschäftigt. Die Arbeiten dieses Instituts
konzentrieren sich im besonderen auf die Bereiche Numerische Steuerungen,
Prozeßrechnereinsatz in der Fertigung, Industrierobotertechnik sowie Meß-,
Regel- und Antriebssysteme, also auf die aktuellsten Bereiche der Fertigungstechnik. Dabei stehen Grundlagenforschung und anwenderorientierte
Entwicklung in einem stetigen Austausch, wodurch ein ständiger Technologie-
transfer zur Praxis sichergestellt wird.

Die Buchreihe erscheint in zwangloser Folge und stützt sich auf Berichte über
abgeschlossene Forschungsarbeiten und Dissertationen. Sie soll dem Inge-
nieur bei der Weiterbildung dienen und ihm Hilfestellungen zur Lösung spezifi-
scher Probleme geben. Für den Studierenden bietet sie eine Möglichkeit zur
Wissensvertiefung. Sie bleibt damit unter erweitertem Namen und neuer Her-
ausgeberschaft unverändert in der bewährten Konzeption, die ihr der Gründer
des ISW, der leider allzu früh verstorbene Prof. Dr.-Ing. G. Stute, im Jahre 1972
gegeben hat.

Der Herausgeber dankt der Druckerei für die drucktechnische Betreuung und
dem Springer-Verlag für Aufnahme der Reihe in sein Lieferprogramm.

G. Pritschow

<u>Vorwort</u>

Die vorliegende Arbeit entstand während meiner Tätigkeit als
wissenschaftlicher Mitarbeiter am Institut für Steuerungstechnik der Werkzeugmaschinen und Fertigungseinrichtungen
der Universität Stuttgart.

Mein besonderer Dank gilt Herrn Professor Dr.- Ing. A.
Storr, der durch seine eingehende Durchsicht und die damit
verbundenen wertvollen Hinweise ganz wesentlich zu dem
Gelingen der Arbeit beigetragen hat.

Herrn Prof. Dr.- Ing. R. Lauber danke ich für die Übernahme
des Mitberichts.

Allen Mitarbeitern der Gruppe 2.1, insbesondere Herrn Dipl.-
Ing. J. Schneider, sowie Herrn Dr.- Ing. M. Härdtner danke
ich für Anregungen und Diskussionen während meiner Insti-
tutszeit.

Gregor Diehl

Inhaltsverzeichnis

	Abkürzungen	5
	Formelzeichen und Symbole	6
1	**Einleitung**	7
1.1	Problemstellung	7
1.2	Begriffsdefinitionen	9
1.2.1	Stellglied, Aktor, Aktorik	9
1.2.2	Fehler, Störung, Ausfall	10
1.2.3	Diagnosesystem, Diagnose, Überwachung, Fehler- lokalisierung und -anzeige, Reaktion	10
1.2.4	Überwachungsmethode, Überwachungsverfahren	11
1.2.5	Diagnosebereiche an einer Fertigungseinrichtung	11
2	**Stand der Technik**	13
2.1	Fehleranalyse an Fertigungseinrichtungen	13
2.2	Folgerungen aus der Stördatenanalyse	18
2.3	Verfahren zur Überwachung und Diagnose von steuerungsexternen Fehlern	19
2.3.1	Bekannte Überwachungsverfahren	20
2.3.2	Lösungen aus sicherheitsgerichteten Bereichen	24
2.3.2.1	Programmtechnische Verfahren	25
2.3.2.2	Gerätetechnische Verfahren	25
2.3.3	Bewertung der Verfahren zur Fehlererkennung und -diagnose sowie von Lösungen aus der Si- cherheitstechnik	27
2.4	Ziel der Arbeit	30
3	**Anforderungen an ein Steuerungssystem bei Ein- satz des steuerungsperipheren Diagnosesystems**	33
3.1	Steuerungsperipheres Diagnosesystem	34
3.2	Steuerungsperiphere Komponenten	35
3.3	Datenaustausch zwischen Diagnosesystem und Steuerung bzw. Komponenten	36
4	**Erweiterte Überwachung zur eindeutigen Fehler- erkennung**	38
4.1	Überwachungsverfahren für Einzelkomponenten	40
4.1.1	Überwachungsverfahren für binäre Signalgeber	40
4.1.2	Stellgliedüberwachung	41

4.1.3	Aktorüberwachung	47
4.2	Gruppenbezogene Überwachung	48
4.2.1	Überwachung von Signalgebern auf widersprüchliche Signale	50
4.2.2	Konformitätsüberwachung der Rückmeldungen aus der Aktorik	56
4.3	Überwachungseinrichtungen mit vereinbarter sicherer Funktion	50
5	**Steuerungsperipheres Diagnosesystem**	62
5.1	Überwachungsgerechte Signalgeber, Stellglieder und Aktoren sowie überwachte, bewegte Maschinenelemente (Komponentenüberwachung)	64
5.1.1	Hardwareerweiterungen von peripheren Komponenten für die Überwachung	66
5.1.2	Strukturinformation für die Komponentenüberwachung	67
5.1.3	Bereitgestellte Informationen aus der Komponentenüberwachung	68
5.2	Gruppenüberwachung von Signalgebern und der Aktorik	72
5.3	Diagnose, Fehlerlokalisierung und Bereitstellen von Fehlermeldungen	74
5.4	Reaktionsmaßnahmen im steuerungsperipheren Diagnosesystem	77
5.4.1	Tolerierung von fehlerhaften binären Gebersignalen	77
5.4.2	Tolerierung von Stellgliedfehlern	82
5.4.3	Beenden bzw. Blockieren von Steuerungsfunktionen	86
5.5	Signalerzeugung und Signalausgabe zur Ansteuerung der Aktorik	87
5.6	Signalreduktion und -bewertung, Bereitstellen eines bewerteten Zustandsabbilds	90
5.7	Projektierung eines Diagnosesystems	94
5.7.1	Informationsdarstellung und -speicherung	94
5.7.2	Abarbeiten und Bereitstellen der Daten	97
5.7.2.1	Die Koordinationslogik	97

5.7.2.2   Aufbau für die Einzelkomponentenüberwachung   101

5.7.2.3   Aufbau für die Überwachung und Diagnose von
mehreren Komponenten   103

5.7.3   Steuer-, Überwachungs- und Diagnosedatenaus-
tausch   106

5.7.3.1   Datenaustausch beim Einsatz von überwachungsgerechten peripheren Komponenten   107

5.7.3.2   Bewertung bekannter Feldbuslösungen für die
Ankopplung von überwachungsgerechten binären
Komponenten   109

**6   Realisierung des steuerungsperipheren Diagno-
sesystems**   112

6.1   Gerätetechnische Realisierung   113

6.2   Softwarefunktionen   114

6.2.1   Datenverarbeitung   114

6.2.2   Datenübertragung   117

6.3   Betrieb und Erfahrung   119

6.4   Fehleranzeige   121

6.5   Oberfläche zur Konfiguration des steuerungsperipheren Diagnosesystems und der Struktur-
dateneingabe   123

6.6   Ausblick   126

7   Zusammenfassung   129

Schrifttum   132

Abkürzungen

BAZ	Bearbeitungszentrum
C	Programmiersprache
CAN	Controller Area Network
DESI	dezentrales elektronisches Steckinstallationssystem
DM	Drehmaschine
FB	Funktionsbaustein
FE	Funktionseinheit einer Fertigungseinrichtung
FRA	funktionsredundante Anordnung
Mi	Motor
MEi	bewegtes Maschinenelement
MMS	Manufacturing Message Specification
MPST	Mehrprozessor- Steuerungssystem für Arbeitsmaschinen
RAM	Random Access Memory
SAA	System- Application- Architecture
Schl.	Schließer
Si	Signalgeber bzw. Gebersignal
SGi	Stellglied
SPS	Speicherprogrammierbare Steuerung

Formelzeichen

k, m, n	Zählvariablen
S_{Anst}	Ansteuersignal
S_{KR}	Klemmkontaktrückmeldung
S_L	Lastansteuersignal
S_{SR}	Schaltkontaktrückmeldung
S_T	Testsignal
S_{TR}	Testsignalrückmeldung
S_W	Signalwert
t_V	Verzögerungszeit
t_{VG}	Gesamtverzögerungszeit
t_{VSG}	Stellgliedverzögerungszeit
t_{VAkt}	Aktorverzögerungszeit
t_{VME}	Verzögerungszeit des bewegten Maschinenelements

Symbole

&	Boolesche UND- Verknüpfung
&&	logische UND- Verknüpfung
||	logische ODER- Verknüpfung
=	Zuweisung
==	Gleichheit

1 Einleitung

1.1 Problemstellung

Die zunehmende Verkettung von Einzelmaschinen führt zu komplexen und kapitalintensiven Fertigungseinrichtungen, die für den Maschinenbediener zunehmend unüberschaubarer werden. Infolge technischer Mängel und menschlichen Fehlverhaltens treten häufig Störungen auf, die zu Unterbrechungen der Fertigung bzw. der Produktion führen. Insbesondere beim Betrieb der Fertigungseinrichtung in mannarmen Schichten können Ausfälle und Störungen außer langen Stillstandszeiten beträchtliche Maschinenschäden, damit zusammenhängende Folgeschäden und/oder Ausschuß verursachen, und führen somit zum Produktionsausfall verbunden mit hohen Kosten. Für den wirtschaftlichen Einsatz von komplexen Fertigungseinrichtungen wird deshalb eine hohe Verfügbarkeit gefordert. In Bild 1-1 sind mögliche Maßnahmen zur Steigerung der technischen Verfügbarkeit aufgezeigt.

Zur Erhöhung der technischen Verfügbarkeit kommen vor allem
- der **Verringerung der Ausfallhäufigkeit** von Anlagenteilen und
- der **Verkürzung der Ausfalldauer**
besondere Bedeutung zu.

Konnten Störungen an einfachen Einzelmaschinen vom Bediener in vielen Fällen noch selbst erkannt und behoben werden, so ist er dazu bei komplexen Anlagen nicht mehr in der Lage. Zudem ist zu berücksichtigen, daß eine große Anzahl der Maschinenbediener nicht die erforderliche Ausbildung besitzt, um eine Fehlersuche durchzuführen. Dies führt bei komplexen Anlagen dazu, daß die Ausfalldauer durch lange Fehlersuchzeiten erhöht wird. Die Notwendigkeit, hierfür geeignete Lösungen bereitzustellen, begründet sich auch aus der Umfrage nach /1/, wonach bei großen komplexen Anlagen mangelnde Systematik bei der Fehlersuche als Grund für lange Fehlersuch-

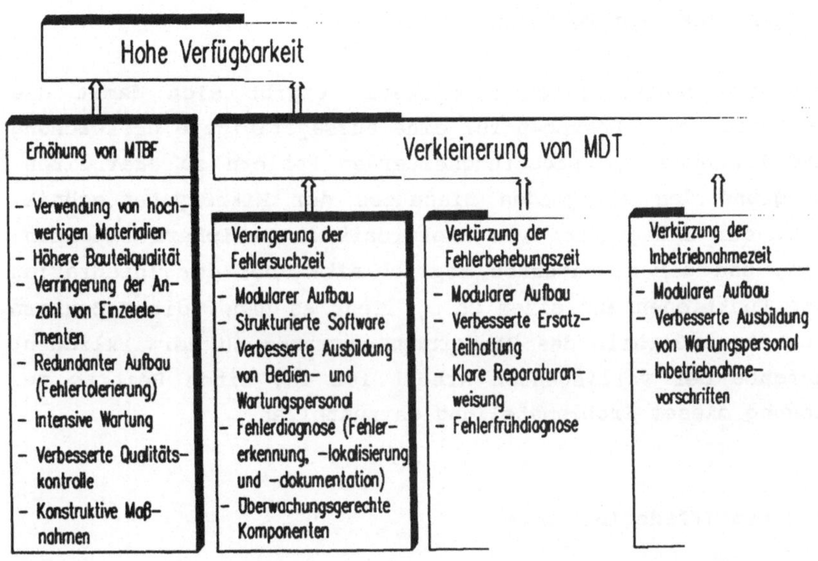

MTBF = Mean Time Between Failure
MDT = Mean Down Time

Bild 1-1: Maßnahmen zur Steigerung der technischen Verfügbarkeit

zeiten angegeben wird.

Untersuchungen an Fertigungseinrichtungen ergaben, daß in
beträchtlichem Ausmaß steuerungsexterne Fehler zu einer reduzierten Verfügbarkeit beitragen. Je detaillierter die von
peripheren Komponenten (Baueinheiten) bereitgestellten Informationen sind, umso schneller läßt sich mit geeigneten
Auswertestrategien der Fehler lokalisieren. Darüber hinaus
wird die Entscheidung unterstützt, inwieweit die Steuerbarkeit der Anlage bzw. des Anlagenteils trotz Fehler aufrechterhalten werden kann. Bislang mangelt es jedoch an dem

durchgängigen Einsatz von Überwachungseinrichtungen für die eindeutige Fehlererkennung, so daß die notwendigen Informationen nicht zur Verfügung stehen.

Aus der dargestellten Problematik ergibt sich damit die Notwendigkeit, Lösungen für eine aussagefähigere Überwachung und Diagnose von steuerungsexternen Fehlern zu erarbeiten. Aufgrund des steigenden Einsatzes der Mikrosystemtechnik, d.h. der Integration von Elektronik in periphere Komponenten, und der erweiterten Möglichkeiten bei der Integration von Funktionen auf einem Chip, liegt es nahe, die Maßnahmen bereits außerhalb des Steuerungsprogramms zu verwirklichen. Aufgabe der vorliegenden Arbeit ist es, einen Beitrag zur Lösung dieser Problemstellung darzustellen.

1.2 Begriffsdefinitionen

Zum besseren Verständnis werden nachfolgend immer wiederkehrende Begriffe in dieser Arbeit erklärt und deren Bedeutung definiert, da diese in anderweitigen Literaturstellen z.T. abweichend und nicht einheitlich erläutert sind.

1.2.1 Stellglied, Aktor, Aktorik

Gemäß der in /2/ gegebenen Definition wird unter **Stellglied** diejenige Komponente verstanden, welche in den Massenstrom oder Energiefluß eingreift. Als Beispiele können Relais, Schütze, Transistoren und Ventile aufgezählt werden.

Mit **Aktor** wird eine Komponente bezeichnet, welche aufgrund zugeführter Energie Arbeit verrichtet. Beispiele hierfür stellen Motoren, Zylinder und Magnete dar.

Unter **Aktorik** werden alle in der Ausgangswirkkette der Steuerung beteiligten Komponenten (Stellglied, Aktor) einschließlich bewegtem Maschinenelement verstanden.

1.2.2 Fehler, Störung, Ausfall

Ein **Fehler** soll analog zu /3/ als Oberbegriff für alle unerwünschten oder unzulässigen Ereignisse oder Zustände einer Betrachtungseinheit stehen. Ein Fehler bewirkt in der Regel eine **Störung**, d.h. eine Beeinträchtigung der Funktionsfähigkeit eines die fehlerhafte Einheit umfassenden oder eines nachfolgenden Systems. Dabei muß der Fehler nicht unbedingt zum **Ausfall** (Nichtbetriebsbereitschaft) oder zu einem materiellen Schaden führen.

1.2.3 Diagnosesystem, Diagnose, Überwachung, Fehlerlokalisierung und -anzeige, Reaktion

Entsprechend der in /4/ aufgestellten Anforderungen an ein Diagnosesystem sollen im Rahmen dieser Arbeit unter den Aufgaben eines **Diagnosesystems** alle Verfahren und Methoden verstanden werden, durch Erfassen des Zustandes (beispielsweise von Komponenten oder Anlagenteilen) Abweichungen vom Normalzustand festzustellen und zu lokalisieren, diese anzuzeigen und Reaktionsmaßnahmen einzuleiten. Damit ein Fehler als solches erkannt wird, ist die eindeutige Definition des Normalzustands sowie die Festlegung aller Abweichungen davon eine Grundvoraussetzung. Durch **Überwachung**, d.h. Vergleich, des tatsächlich vorliegenden Zustandes mit dem Zustand, wie er sein sollte (Normalzustand), kann das Vorliegen von Fehlern festgestellt werden.

Die **Fehlerlokalisierung** bestimmt den genauen Fehlerort sowie die Fehlerursache. Die **Anzeige** dient dazu, aufgetretene Fehler bzw. Störungen zu speichern und diese sowie die Fehlerursache anzuzeigen. Fehlerlokalisieren und -anzeigen sind Teilaufgaben eines Diagnosesystems und werden unter dem Aspekt des weitergehenden Auswertens und Analysierens zu dem Begriff **Diagnose** zusammengefaßt. Unter **Reaktion** werden Maßnahmen verstanden, die - basierend auf der aus Überwachung und Diagnose gewonnenen Information - die Steuerungsausgaben beeinflussen.

1.2.4 Überwachungsmethode, Überwachungsverfahren

Eine **Überwachungsmethode** umfaßt gegebenenfalls mehrere Überwachungsverfahren und dient zur Klassifikation der verschiedenen Verfahren bezüglich gemeinsamer Merkmale. Es wird zwischen signal-, struktur- und funktionsbezogenen Überwachungsmethoden unterschieden. **Signalbezogene Methoden** ermöglichen eine Fehlererkennung nur durch Auswerten von Signalzuständen. Für **strukturbezogene Methoden** ist Strukturwissen - z.B. die Kenntnis über den Komponentenaufbau bzw. die -anordnung - notwendig. **Funktionsbezogene Methoden** erfordern die Information über das funktionale Zusammenwirken von Signalgeber, Stellglied, Aktor und Maschinenelement.

Ein **Überwachungsverfahren** ist speziell angelegt auf eine bestimmte Anwendung.

1.2.5 Diagnosebereiche an einer Fertigungseinrichtung

In Bild 1-2 sind zur Verdeutlichung die verschiedenen Bereiche einer Fertigungseinrichtung aufgezeigt.

Dabei kennzeichnet **steuerungsintern** den Bereich der Steuerung und umfaßt Zentraleinheit, Speicher- und Stromversorgungsbaugruppen, die Anzeige- und Bedieneinheiten (z.B. Tastatur, Monitor) sowie die Ein-/ Ausgabebaugruppen.

	steuerungsintern			steuerungsextern			
Bereich:	Steuerung			Steuerungsperipherie		Maschine	Prozeß
Komponenten/ Elemente:	Bedien-/An- zeigeeinheiten	Zentral-/Speicher-/ Stromversorgungs- baugruppen	E/A-Bau- gruppen	Signalgeber/ Meßsysteme	Stellglieder/ Aktoren	Maschinenelemente bewegt ¦ fest	
Symbolik:							

Bild 1-2: Klassifizierung der verschiedenen Bereiche einer Fertigungseinrichtung

Mit **steuerungsextern** wird der Bereich außerhalb der Steuerung bezeichnet. In dieser Arbeit werden zur Abgrenzung zu den Komponenten im **steuerungsperipheren** Bereich für die Signalgewinnung (Geber) bzw. -ausführung (Stellglied, Aktor) ausschließlich bewegte Maschinenelemente wie z.B. Transportwagen, Supports usw. betrachtet.

Der **steuerungsperiphere** Bereich ist als ein Teilbereich des steuerungsexternen Bereichs anzusehen und kennzeichnet in dieser Arbeit den Schnittstellenbereich zwischen Steuerung und Maschine mit den Komponenten Signalgeber, Weg- und Drehzahlmeßsystem, Relais, Schütz, Motor usw..

2 Stand der Technik

2.1 Fehleranalyse an Fertigungseinrichtungen

Für das Festlegen von gezielten Überwachungs- und Diagnoseverfahren sowie von Verbesserungen hinsichtlich einer Steigerung der technischen Verfügbarkeit ist neben der Kenntnis
über die Fehlerhäufigkeit auch die der genauen Fehlerursachen erforderlich. Da bezüglich der Fehlerursachen keine
detaillierten Ergebnisse vorlagen, wurden im Rahmen dieser
Arbeit Fehler sowie deren Ursachen an Werkzeugmaschinen
analysiert. Die Untersuchungsergebnisse sollen weiterhin die
Notwendigkeit und Wichtigkeit der gesetzten Ziele dieser
Arbeit bestätigen. Prozeßfehler, verursacht beispielsweise
durch Werkzeugbruch oder Werkzeugabnutzung, werden nicht
betrachtet, da zu deren Erkennung sowie Lokalisierung Informationen aus den Steuerungsdaten allein nicht ausreichen.
Hierfür werden in der Regel spezielle Sensoren sowie Aus-
werteeinrichtungen /5 ... 9/ benötigt.

Die Daten basieren auf einer Auswertung der Störmeldungen
über NC- Drehmaschinen und NC- Bearbeitungszentren verschiedener Hersteller. Der Betrachtungszeitraum beträgt für
die Drehmaschinen (DM) $2^3/_4$ Jahre, und es wurden die Werte
von 77 Maschinen aus dem Jahr 1984, 76 Maschinen aus 1985
sowie von 79 Maschinen aus dem Jahr 1986 analysiert. Der
Untersuchungszeitraum für die Bearbeitungszentren (BAZ) beträgt $1^3/_4$ Jahre. Ausgewertet wurden die Stördaten von 43
Anlagen aus dem Jahr 1985 sowie von 103 Anlagen aus 1986.
Das Alter der Maschinen liegt zwischen 1 und 11 Jahren; die
Fertigungseinrichtungen werden überwiegend im 2- Schichtbe-
trieb genutzt.

Die Verteilung der Störungshäufigkeiten und Stillstandsstunden für die verschiedenen Bereiche an Fertigungseinrichtungen ist in Bild 2-1 dargestellt. Aufgrund nicht un-

tersuchter Prozeßfehler wurde der Bereich Prozeß nicht mit eingetragen.

	steuerungsintern			steuerungsextern			
Bereich:	Steuerung			Steuerungsperipherie		Maschine	
Komponenten/ Elemente:	Bedien-/An- zeigeeinheiten	Zentral-/Speicher-/ Stromversorgungs- baugruppen	E/A-Bau- gruppen	Signalgeber/ Meßsysteme	Stellglieder/ Aktoren	Maschinenelemente bewegt	fest
Symbolik:							
Sh: BAZ	20,3%			47,4%		15,6%	16,7%
DM	16,2%			40,8%		22,8%	20,2%
Sz: BAZ	20%			46,2%		21,3%	12,5%
DM	13%			36,5%		28,9%	21,6%

Erklärungen:

Drehmaschinen: (DM)	100% Störungshäufigkeit = 2137 Störungen	
	100% Stillstandszeit = 9746 Stunden	
Bearbeitungszentren: (BAZ)	100% Störungshäufigkeit = 2394 Störungen	
	100% Stillstandszeit = 9906 Stunden	
Sh:	Störungshäufigkeit	
Sz:	Stillstandszeit	

Bild 2-1: Verteilung der Störungshäufigkeiten und Still- standsstunden an Fertigungseinrichtungen

Die aus der Analyse ermittelten Ausfallhäufigkeiten sind im wesentlichen deckungsgleich mit in /10/ dargestellten Wer- ten.

Das Auswerten der Störungshäufigkeiten und der Stillstandsstunden bezogen auf einzelne Komponenten ergab, daß neben
vielen Ausfällen und hierdurch verursachte Stillstandszeiten
an bewegten Maschinenelementen wie von
- Spannzeugen und Revolverköpfen mit 8,3% Störungshäufigkeit
  und 4,5 Stillstandsstunden für DM bzw. 9,5% und 7,7 Stunden für BAZ sowie
- Transporteinrichtungen mit 8,4% und 6,9 Stunden für DM
  bzw. 3% und 3,1 Stunden für BAZ;
vor allem die hohe Störungshäufigkeit an
- binären Signalgebern mit 8% für DM bzw. 14% für BAZ,
- Weg- und Drehzahlmeßsystemen mit 3,5% bzw. 4,7%,
- Relais und Schützen mit 4% bzw. 6%,
- Regelgeräten und Antriebselektronik mit 6% bzw. 10% und
- hydraulischen/ pneumatischen Verbindungen mit ca. 4 %,
sowie z.T. die langen Stillstandszeiten pro Störung an
- Elektromotoren mit 14 Stunden für DM bzw. 8 Stunden für
  BAZ,
- elektrischen und hydraulischen/pneumatischen Verbindungen
  mit 5 bzw. 3 Stunden,
- Weg- und Drehzahlmeßsystemen mit 4 bzw. 6,5 Stunden und
- Zylindern mit ca. 6 Stunden
zu einer Reduzierung der technischen Verfügbarkeit beitragen
/11,12/.

Obwohl Störungen im elektrisch/elektronischen Bereich in der
Regel schneller behoben sind als Störungen bzw. Ausfälle an
hydraulischen oder mechanischen Komponenten, ist bei der
Bildung des Produktes der dargestellten mittleren Störungshäufigkeit und den mittleren Stillstandsstunden pro Störung
festzustellen, daß Störungen an elektrisch/ elektronischen
Baueinheiten bei Drehmaschinen die gleiche Ausfalldauer wie
die Ausfälle an mechanischen Elementen verursachen. Die z.T.
größere Anzahl elektrisch/ elektronischer Komponenten sowie
deren hohe Störungshäufigkeit schränken vor allem an Bearbeitungszentren die Nutzungszeit ein.

In Bild 2-2 sind für die verschiedenen Bereiche einer Fertigungseinrichtung die ermittelten Fehlerursachen in der Reihenfolge ihrer Häufigkeit dargestellt.

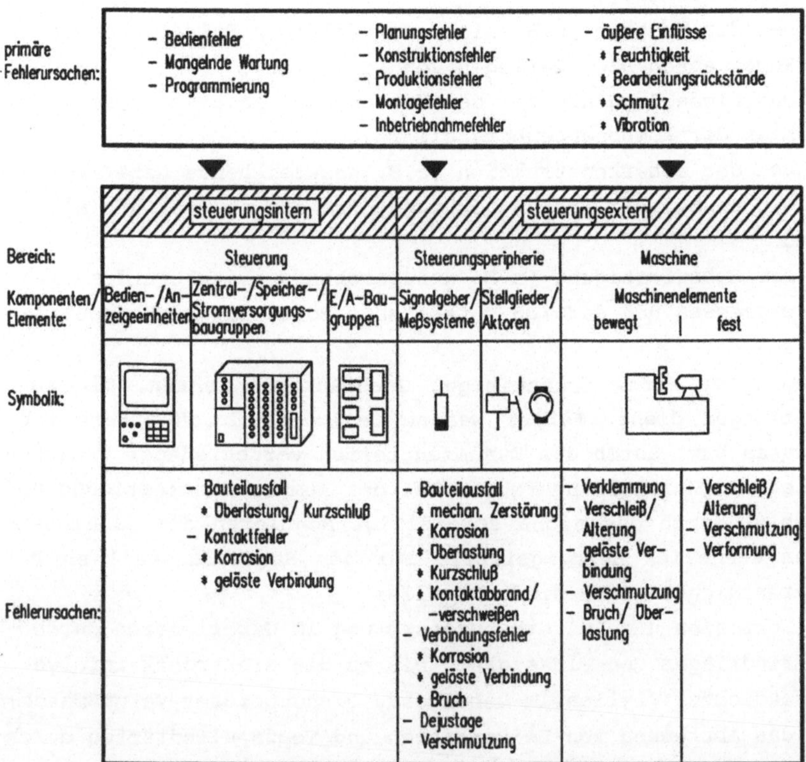

Bild 2-2: Fehlerursachen an Fertigungseinrichtungen.

Neben Bauteilausfällen treten im steuerungsperipheren Bereich häufig Ursachen, wie gelockerte Verbindungen, Dejustage, Kontaktfehler sowie Verschmutzung auf. Die aus den Fehlerstatistiken ermittelten Störungsursachen für einzelne

Komponenten sind in /12/ und /13/ aufgezeigt. Zusatzunter-
suchungen in bezug auf die Ursache Bauteilausfall an Signalgebern und elektromechanischen Stellgliedern ergaben, daß
vor allem Fehler

- bei der Projektierung (z.B. falscher Einbauort, falsche
  Typenauswahl),
- bei der Montage (z.B. nicht sorgfältiges Befestigen der
  Komponenten bzw. Verlegen von Leitungen),
- mangelnde Sorgfalt bei der Wartung der Anlagen sowie

Fehler der Komponentenhersteller

- bei der Geberkonstruktion (z.B. unzureichende Geberabdich-
  tungen bei der Kabeleinführung oder eingebauter LED's)

und

- der Geberfertigung (z.B. unzureichendes Beachten des Gieß-
  prozesses und dadurch entstehende Poren in der Vergußmasse)

häufig zu einem frühzeitigen Geberausfall führen. Die Auswirkungen dieser Fehler werden teilweise durch äußere Einflüsse bzw. durch das Zusammentreffen verschiedener Ursachen
wie z.B. Herstellungsfehler bei der Komponentenfertigung und
Fehler durch das nicht sorgfältige Montieren der Baueinheiten schneller herbeigeführt. Für den Bauteilausfall an binären Signalgebern sind vor allem

- Korrosion und Leiterbahnzerstörung im Geberinneren durch
  Eindringen von Flüssigkeit bis an die Elektronik infolge
  undichter Stellen im Gebergehäuse und poröser Vergußmasse;
- das Abtrennen von Leiterbahnen und Topfspulendrähten durch
  Vibration, aufgrund zu starrer Vergußmasse, unsachgemäßer
  Montage oder Justage;
- fehlende Schutzelektronik gegen Spannungsspitzen und
- falsche Typenauswahl von Geber und Kabel aufgrund fehlender Richtlinien für den Einsatz

verantwortlich.

Die Untersuchungen haben ferner gezeigt, daß bei nicht eindeutig zu bestimmender Störungsursache häufig ein Ausfall
von binären Signalgebern vermutet wird. Deshalb kommt es

wiederholt zum Austausch von noch funktionstüchtigen Gebern.
Eigene Untersuchungen an Relais und Schützen sowie Fehler-
analysen von /14/ zeigen, daß Ausfälle an diesen Komponenten
häufig durch:

- Kontaktverschweißen und -abbrand,
- Bruch der Ankerrückstellfeder bei ungepolten Relais,
- Ankerkleben sowie
- Kontaktkorrosion bei geringen Schaltströmen

verursacht werden. Ankerkleben und Kontaktkorrosion treten
oft nach längeren Zeiten der Nichtbenutzung der Stellglieder
(z.B. nach Wochenenden) auf.

2.2 Folgerungen aus der Stördatenanalyse

Die Untersuchungen ergaben, daß häufige Störungen an steuerungsperipheren Komponenten sowie an bewegten Maschinenelementen verbunden mit z.T. langen Stillstandszeiten (s. Bild
2-1) in hohem Maße die technische Verfügbarkeit der Fertigungseinrichtungen beeinflussen.

Da Störungen bzw. Ausfälle insbesondere durch unsachgemäße
Anwendung und/oder Einsatz der peripheren Komponenten unter
extremen Bedingungen verursacht werden, kann allein mit
konstruktiven Verbesserungen an peripheren Komponenten keine
hohe Anlagenverfügbarkeit erreicht werden. Weiterhin ist zu
berücksichtigen, daß sowohl konstruktive Bedingungen (z.B.
Platzbedarf) als auch wirtschaftliche Gründe (z.B. Einsatz
von höherwertigen Materialien) zuverlässigkeitssteigernde
Maßnahmen an den Baueinheiten einschränken bzw. nicht ermöglichen. Die Untersuchungen ergaben ferner, daß aufgrund
fehlender bzw. unzureichender Überwachungs- und Diagnose-
maßnahmen oftmals funktionstüchtige Komponenten ausgetauscht
werden. Für die Steigerung der technischen Verfügbarkeit

verbleibt somit der Einsatz eines Diagnosesystems für steuerungsperiphere bzw. -externe Fehler.

In peripheren Komponenten mit eigener Signalverarbeitung, wie z.B. Antriebsverstärker und Regler, sind oft schon Diagnosefunktionen z.B. für automatische Korrektur von Störeinflüssen und Selbstüberwachung integriert /15,16,17/. Es werden hierfür auch Konzepte für die weitere Signalverarbeitung in /18/ und /19/ vorgestellt. Für die in großer Anzahl an einer Fertigungseinrichtung eingesetzten binären Komponenten existieren bislang keine durchgängigen Lösungen und Konzepte für eine Signalvorverarbeitung außerhalb des Steuerungsprogramms. Aus diesem Grund sollen im Rahmen dieser Arbeit Lösungen für das eindeutige Erkennen von Fehlern an binären peripheren Komponenten wie Signalgebern, Stellgliedern und Aktoren sowie basierend auf den daraus gewonnenen Erkenntnissen einzuleitende Reaktionsmaßnahmen analysiert werden. Dabei werden bewegte Maschinenelemente mit in die Untersuchungen einbezogen. Eine Analyse der Lösungen unter dem Aspekt der Anlagensicherheit geschieht nicht. Sicherheitsmaßnahmen sind in /20/ aufgeführt.

2.3 Verfahren zur Überwachung und Diagnose von steuerungsexternen Fehlern

Die bekannten Verfahren zur Überwachung von steuerungsexternen Fehlern werden zunächst analysiert und bewertet. Gründe hierfür sind das Überprüfen, inwieweit mit diesen Verfahren
- Fehler sofort zum Zeitpunkt ihres Auftretens sowie
- der genaue Fehlerort und die Fehlerursache
ermittelt werden können.

Des weiteren sind von Systemen und Anlagen mit hoher geforderter Sicherheit Lösungen bekannt, die beim Auftreten von Fehlern ein eindeutiges Fehlersignal erzeugen und außerdem

die Anlage in einen sicheren Betriebszustand überführen oder
eine Fehlertolerierung ermöglichen. Da diese Verfahren bislang in der Fertigungstechnik keinen breiten Einsatz erfah-
ren, soll beurteilt werden, ob die Verfahren aus der Sicherheitstechnik unter dem Aspekt des Nutzens und der Wirt-
schaftlichkeit für die Fehlerüberwachung von peripheren
Komponenten geeignet sind.

2.3.1 Bekannte Überwachungsverfahren

Generell wird zwischen aktiven und passiven Überwachungsverfahren unterschieden. Dabei ermöglichen die aktiven
Verfahren eine Überwachung unabhängig von einem prozeßbe-
dingten Signalwechsel. Hierbei findet ein Vergleich zwischen
den aufgrund eines speziell eingeleiteten Testsignals von
der Komponente zurückgemeldeten Signalen mit den erwarteten
Signalen statt. Die passiven Verfahren basieren demgegenüber
auf der Auswertung der aus dem Prozeß zurückgeführten Signale. Weiterhin können die Verfahren zur Überwachung von
steuerungsperipheren bzw. -externen Fehlern danach unterschieden werden, ob sie vom Steuerungsprogramm abhängig bzw.
davon unabhängig sind. Dementsprechend wird bislang zwischen
signal- und funktionsbezogenen Überwachungsmethoden unterschieden. **Signalbezogene Überwachungsmethoden** sind unabhängig vom Steuerungsprogramm. Es werden die Verfahren
- Antivalenzüberwachung,
- Überwachung auf minimalen Rest- bzw. Laststrom,
- Überprüfung der Funktionsfähigkeit des Ansteuerungs-
  kreises von Stellgliedern mittels Testsignalen und
- Überwachung auf kurzzeitige Fehlsignale (Glitches)
für die Überwachung eingesetzt.

Die in /21/ beschriebene Antivalenzüberwachung von Signalgebern gibt Aufschluß über mögliche Ausfälle der Geberaus-
gangselektronik bzw. von Leitungsunterbrechungen. Da in der
Regel bei bisher antivalent realisierten Gebern nur ein Teil

der Geberelektronik (z.B. Ausgangstreiber) parallel diversitär ausgeführt wird, kann mit der Antivalenzüberwachung keine eindeutige Aussage über die tatsächliche Funktionstüchtigkeit der überwachten Komponente geschehen. Eine in /21/ als Antivalenzüberwachung bezeichnete Überwachung von Steuerungsausgabesignal und zusätzlicher Rückmeldung von einem Ventil ermöglicht das Eingrenzen des Fehlers, ohne daß die Fehlerursache bestimmt werden kann. Das in /22/ vorgestellte Verfahren zur Überprüfung der Stellglieder durch kurzzeitige Testsignale - ohne die angeschlossene Last zu schalten - basiert auf dem Messen und Auswerten der Strom- und/oder Spannungswerte. Dieses Verfahren wird dem Verfahren aus der Sicherheitstechnik (Kap. 2.3.2.2) gegenübergestellt. Das in /22/ erläuterte Verfahren vereinfacht die Fehlererkennung im elektrischen Teil, Fehler im mechanischen Teil des Stellglieds oder der nachfolgenden Aktorik sind damit nicht zu erkennen.

Kurzschlüsse sind durch Strombereichsüberschreitungen bzw. Leitungsunterbrechungen durch Strombereichsunterschreitungen (z.B. Strom < 700 µA) erkennbar /22,23/. Da der Eingangsreststrom einer Baueinheit gegebenenfalls mit einem Parallelwiderstand erzeugt wird, ist somit nur eine Aussage über den Zustand der Verbindungsleitung möglich. Kurzzeitige Signaleinbrüche oder Störspitzen können durch die in /24/ dargestellte Überwachung auf Glitches ermittelt werden. Das Verfahren basiert darauf, daß alle Signale, die kürzer als drei Abtastzyklen anliegen, als nicht korrekte Signale angesehen werden.

Funktionsbezogene Überwachungsmethoden sind abhängig vom Steuerungsprogramm. Dabei sind die Beschreibungsformen für Funktionssteuerungen (SPS) unterschiedlich geeignet für die Integration der Überwachungsverfahren in das Steuerungsprogramm. Es muß zwischen ablauf- oder zustandsorientierten Steuerungsbeschreibungen und rein kombinatorischen Verknüpfungen unterschieden werden. Bei kombinatorischen Verknüpfungen basieren Überwachung und Diagnose auf dem Vergleich der aus dem Zustandsabbild stammenden 'Istdaten' mit den separat erstellten 'Solldaten' für den ordnungsgemäßen Prozeßablauf /25/.

Der ablauforientierten Steuerungsbeschreibung liegt ein Funktionsmodell in Form des zwangsläufig schrittweisen Ablaufs vor. Das programmgemäße Weiterschalten erfolgt zeit- oder prozeßgeführt. Für ablauforientierte Steuerungsbeschreibungen werden hauptsächlich Verfahren für
- eine Zeitüberwachung /26,27/,
- das Bestimmen fehlender Signale in der Weiterschaltbedingung /28/ sowie
- der Paarüberwachung /27/
eingesetzt.

Die Zeitüberwachung dient zum Ermitteln von Abweichungen der vorgegebenen Ablaufzeiten, die vom Einleiten einer Funktion bis zu ihrer Beendigung vergeht. Bei der Paarüberwachung enthalten die Übergangs- bzw. Weiterschaltbedingungen zusätzlich Verriegelungen von sich ausschließenden Signalen. Da aufgrund der mechanischen Gegebenheiten sowie der Anordnung der Signalgeber bei Fehlerfreiheit die Signale zueinander komplementär sind, werden Fehler somit durch das Auftreten von widersprüchlichen Signalkombinationen erkannt (Bild 2-3).

Befinden sich lediglich die zur Steuerung der Verfahrbewegung benötigte minimale Anzahl von Signalgebern an einer Funktionseinheit (s. in Bild 2-3 Geber S1 und S2), so können nur in den Ruhezuständen (Endlagen) widersprüchliche Signale auftreten, während die restlichen fehlerhaften Signalkombinationen einer möglichen regulären Signalkombination entsprechen (* in Bild 2-3). Für das Erkennen dieser Fehler sind zusätzliche Informationen aus dem Steuerungsprogramm oder weitergehende Überwachungsverfahren erforderlich. In /27/ wurde durch zusätzliches Erfassen eines Bereiches vor

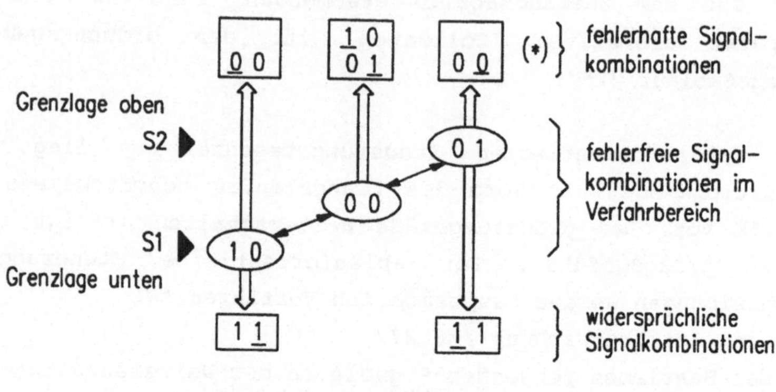

Bild 2-3: Signalkombinationen einer einfachen Bewegungseinheit /27/

einem Endschalter mit einer Nockenleiste gezeigt, daß widersprüchliche Zustände nicht notwendigerweise in Zusammenhang mit Geberpaaren auftreten müssen. Der defekte Geber wird durch Zusatzinformationen (wie z.B. aktueller Zustand) im Steuerungsprogramm bestimmt.

Bei der zustandsorientierten Steuerungsbeschreibung /29/ wird jede Funktionseinheit (FE) der Maschine durch ihre Zustände dargestellt. Da in jedem Zustand einer FE eine bestimmte Kombination der Eingabesignale vorliegen muß, wird durch eine Zustandsüberwachung eine Verletzung der 'Soll-Eingabekombinationen' erkannt.

Infolge der logischen Verknüpfung der Ein-/ Ausgabesignale an Fertigungseinrichtungen in der Funktionssteuerung (SPS), erfolgt die Überwachung der steuerungsperipheren Bauelemente und Auswertung der Signale bisher in der Regel durch das um Überwachungs- und Diagnoseaufgaben erweiterte Steuerungsprogramm. Bei erkanntem Fehler wird in aller Regel als darauf eingeleitete Reaktion das betreffende Steuerungsausgabesignal zurückgesetzt und damit die beabsichtigte Funktionsausführung beendet. Z.T. geschieht die Fehlereingrenzung, d.h. das Ermitteln des gestörten Ablaufschrittes sowie der fehlenden Eingangs- bzw. Ausgangssignale, auch in einer separaten Diagnosebaugruppe, welche aufgrund einer nicht erfüllten Weiterschaltbedingung durch das Steuerungsprogramm aktiviert wird. In Bild 2-4 sind herkömmliche Diagnosesystemrealisierungen aufgezeigt.

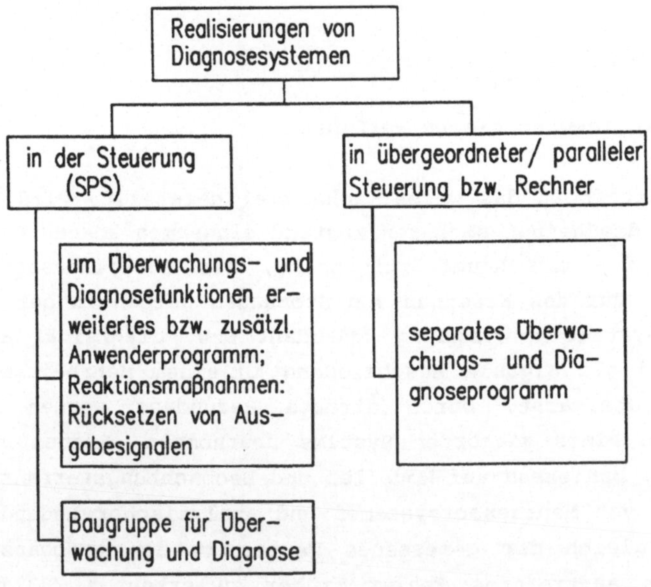

Bild 2-4: Herkömmliche Realisierungen von Diagnosesystemen

2.3.2 Lösungen aus sicherheitsgerichteten Bereichen

Aus sicherheitsgerichteten Bereichen, wie Luft- und Raumfahrt-, Verfahrens- und Reaktortechnik sind Lösungen bekannt, die bei Auftreten eines Ausfalls das Einnehmen eines

sicheren Zustands (fail-safe- Technik) sowie eine Alarm-
meldung vorschreiben. Das Verwenden von Wechselspannungssi-
gnalen für die Signalübertragung bzw. das Gleichrichten von
dynamischen Signalen und die Verwendung der gewonnenen
Gleichspannung als Stromversorgung für die Baueinheiten gestattet das Erkennen eines in der Wirkkette auftretenden
Bauteilausfalls oder Leitungsbruchs /30/. Durch diversitären
Aufbau sind auch Doppelfehler in einem Hardwaresystem /31/
bzw. identische Softwarefehler in einem zweikanaligen System
/32/ zu erkennen. Die eingesetzten Lösungen können dabei in
programm- und gerätetechnische Verfahren unterschieden werden.

2.3.2.1 Programmtechnische Verfahren

Da die Sicherheit das wesentliche Ziel darstellt, wird bei
Systemen, die keinen sicheren Zustand einnehmen können (z.B.
in der Luft- und Raumfahrttechnik), ein Ausfallausschluß
gefordert. Für das Erkennen von Störungen werden in der Regel die Systeme mehrkanalig redundant bzw. diversitär auf-
gebaut und die Signale anschließend in einem Mehrheitsent-
scheider überwacht. Durch direkte Redundanz werden die
Funktionen eines gestörten Systems übernommen. Ebenso ver-
sucht man, basierend auf Modellen und Beobachtungsverfahren,
mit Hilfe von Mehrsensorsystemen und analytischer Redundanz
durch Vergleich der gemessenen Werte mit den geschätzten
Parametern auftretende Fehler früher zu erkennen /33,34/.
Voraussetzung dafür ist, daß die verschiedenen Signale mehrerer Sensoren nur bedingt voneinander unabhängig sind.

2.3.2.2 Gerätetechnische Verfahren

Durch das Aussenden von Signalen und anschließendem Vergleich dieser mit den empfangenen Signalen werden in der
Luft- und Raumfahrttechnik einzelne Baueinheiten auf Funk-

tionstüchtigkeit getestet und bei Vorliegen einer Störung
auf eine intakte Einheit umgeschaltet /35/. Dabei sind neben
der redundanten Auslegung der Steuerungsgeräte auch die
peripheren Komponenten mehrfach redundant vorhanden.

Neuere binäre induktive Signalgeber lassen sich gleichfalls
mit Hilfe eines Testsignals unabhängig vom jeweiligen Bedämpfungszustand des Oszillators auf ihre Funktionstüchtigkeit überprüfen /36,37,38,39/. Bei ordnungsgemäßer Funktion
des Gebers erfolgt ein Signalwechsel als Reaktion auf einen
durchgeführten elektronischen Bedämpfungswechsel des Oszillators. Im Gegensatz zu dem im Abschnitt 2.3.1 vorgestellten
Impulstest und in Bild 2-5a dargestellten Prinzip wird im
Bereich der Sicherheitstechnik die tatsächliche Funktionstüchtigkeit der Komponente überprüft und die darauf basie-
rende Reaktion zurückgemeldet (Bild 2-5b).

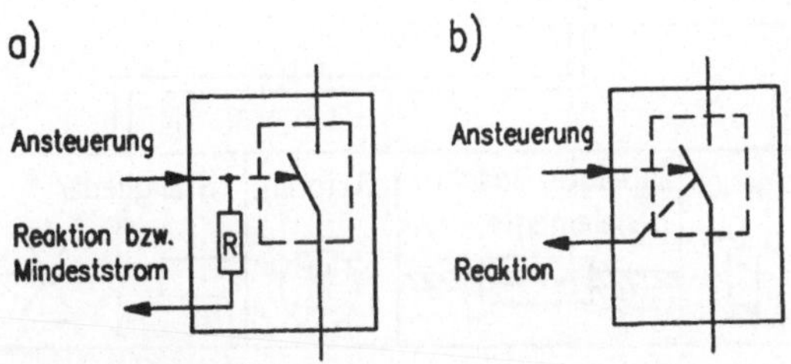

Bild 2-5: Funktionstest mit Testsignalen bei industrieller
Anwendung (a) und in der Sicherheitstechnik (b)

Da dieses Verfahren gleichzeitig zur Überprüfung der Verbindungsleitung genutzt wird, kann nicht zwischen einem
Komponentenausfall und einer fehlerhaften Verbindungsleitung
unterschieden werden.

Ein in /40/ vorgestelltes Sicherheitsrelais basiert auf der Zwangsführung zweier zueinander komplementärer Hilfs- und Schaltkontakte. Durch Abfragen der Hilfskontaktstellung kann ein Kontaktverschweißen erkannt werden.

2.3.3 Bewertung der Verfahren zur Fehlererkennung und -diagnose sowie von Lösungen aus der Sicherheitstechnik

Eingesetzte Überwachungs- und Diagnoseverfahren im nicht sicherheitsgerichteten Bereich basieren auf der in Bild 2-6 dargestellten Steuerungsstruktur.

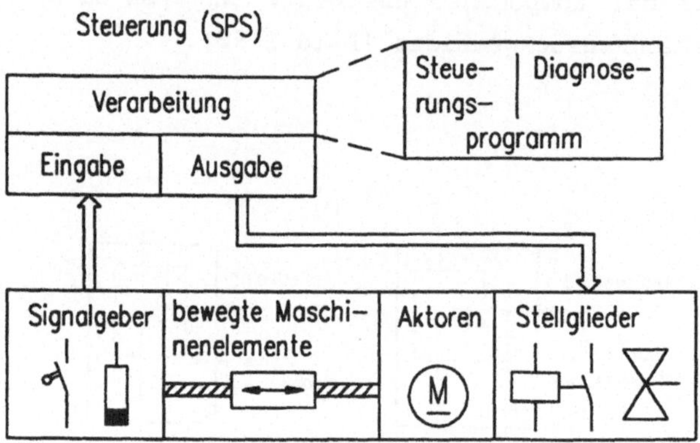

Bild 2-6: Herkömmliche Steuerungsstruktur mit integrierten Überwachungs- und Diagnosefunktionen

Überwachung und Diagnose gründen dabei auf den Signalen einer minimalen Anzahl von Gebern, die zur Erfassung der Schaltpositionen (z.B. der Endlagen oder einer Mittenstellung) an der Anlage installiert sind, und werden in der Regel in der Steuerung ausgeführt. Die Projektierung und Planung der Überwachungsverfahren sowie das Implementieren

dieser in ein Steuerungsprogramm erfordern einen großen
Aufwand. So ist für das Erstellen des Überwachungs- und
Diagnoseprogramms bei verknüpfungsorientierten Beschreibungsformen häufig ein höherer Aufwand notwendig als für das
Entwickeln des eigentlichen Steuerungsprogramms, da die
Überwachungs- und Diagnosefunktionen zusätzlich zu program-
mieren sind /41/. Die Integration des Diagnoseteils in das
Steuerungsprogramm bewirkt zudem in vielen Fällen eine ver-
längerte Zyklus- und Reaktionszeit der Steuerung. Dies führt
gegebenenfalls dazu, daß die Integration der Überwachungs-
und Diagnoseverfahren in das Steuerungsprogramm nicht bei
der Steuerung von hochdynamischen Funktionseinheiten (z.B.
Transporteinrichtungen) möglich ist.

Bislang ist ein für die Steuerungsein- und -ausgangsseite
durchgängiger Lösungsansatz zur Fehlererkennung bereits bei
der Signalgewinnung nicht bekannt. Deshalb werden Fehler
bzw. Störungen in der Steuerungsperipherie sowie an bewegten
Maschinenelementen häufig erst zu einem späten Zeitpunkt
erkannt, wenn die Signale zur Weiterverarbeitung im Steuerungsprogramm benötigt werden bzw. aufgrund eines prozeßbe-
dingten Signalwechsels. Dies führt gewöhnlich zum Abschalten
der Maschine.

Da verschiedene Fehlerursachen in Kombination mit momentan
vorliegenden Signalzuständen gleiche Störungserscheinungen
aufweisen können, lassen sich mit den gerade beschriebenen
Verfahren Fehler an steuerungsperipheren bzw. -externen
Komponenten nur indirekt erkennen, jedoch nicht lokalisieren. Aus diesem Grund kommt es in vielen Fällen zum Austausch von funktionstüchtigen Komponenten.

Bei den aus der Sicherheitstechnik bekannten gerätetechnischen Lösungen zur Fehlererkennung handelt es sich um signalbezogene Verfahren, wobei insbesondere die Verfahren zur
Überprüfung der Funktionstüchtigkeit von Signalgebern durch
Testsignale, die Abfrage der Schalterstellung bei Relais

bzw. Schützen sowie die Verwendung dynamischer Signale für die Informationsübertragung mögliche Lösungsansätze darstellen. Die bisher unabhängig vom Steuerungsprogramm eingesetzten Überwachungsverfahren für periphere Komponenten sowie die damit zu erkennenden Fehler sind in Tabelle 2-1 zusammengestellt.

Verfahren	Überwachungs-objekt	Fehlersymptom	erkennbare Fehlerursache
Testsignal	Verbindungsleitung - Geber (vgl. Bild 2-5)	ausbleibender Signalwechsel	Leitungsbruch oder defekter Geber
	Verbindungsleitung - Stellglied (vgl. Bild 2-5)	ausbleibender Wechsel der Strom- und Spannungswerte	Leitungsbruch oder defekter Stellgliedeingangskreis (z.B. Spule)
Stromüberwachung	Signalgeber	Unterschreiten des minimalen Reststromes	Leitungsbruch
	Stellglied	Unterschreiten des minimalen Laststromes	Leitungsbruch
		Überschreiten des maximalen Laststromes	Kurzschluß
dynamische Signale	alle in der Wirkkette beteiligten Komponenten	ausbleibendes Signal	Leitungsbruch oder Bauteilausfall
Antivalente Signale	Signalgeber	Signalgleichheit	Leitungsbruch oder defekter Ausgangstreiber
Zwangsgeführte, komplementäre Kontakte	Stellglied (Schütz/ Relais)	Signalgleichheit von Ansteuer- und Hilfskontaktsignal	Kontaktverkleben/ -verschweißen

Tabelle 2-1: Signalbezogene Überwachungsverfahren und zu erkennende Fehlerursachen

Aus der Tabelle ist zu ersehen, daß die signalbezogenen
Überwachungsverfahren nur Teilfunktionen einzelner Komponenten überprüfen. Sie reichen somit für eine umfassende
Fehlererkennung an steuerungsperipheren bzw. -externen Baueinheiten sowie für das Lokalisieren des genauen Fehlerortes, d.h. für das Erfassen der fehlerverursachenden Komponente, nicht aus.

Neben dem Nutzen einer möglichst schnellen und eindeutigen
Fehlererkennung ist darüber hinaus auch der erforderliche
Aufwand sowie die Kosten für einen wirtschaftlichen Einsatz
des Verfahrens zu betrachten. Unter diesen Gesichtspunkten
erscheinen die Maßnahmen der direkten Redundanz von kompletten Steuerungssystemen, aber auch die zusätzliche Modellbildung zur Fehlererkennung aus der Sicherheitstechnik
im vorliegenden Anwendungsbereich nicht einsetzbar. Im Hinblick auf eine Verringerung der Ausfallhäufigkeit von Anlagenteilen durch eine Fehlertolerierung, kann das Prinzip der
analytischen Redundanz bei Einsatz von zusätzlichen Signalgebern als Lösungsmöglichkeit angesehen werden.

2.4 Ziel der Arbeit

Maßnahmen zur Erhöhung der Verfügbarkeit sind insbesondere
dann erfolgversprechend, wenn
- sie dort eingesetzt werden, wo die für die Reduzierung der
  technischen Verfügbarkeit verantwortlichen Ursachen auftreten, und
- sie an Komponenten eine Fehlererkennung zu Zeiten erlauben, in denen diese nicht an der Funktionsausführung beteiligt sind.

Da periphere Komponenten zu einem Großteil mit die technische Verfügbarkeit an Fertigungseinrichtungen beeinflussen
sowie aufgrund der in vorangegangenen Abschnitten geschil-

derten Problematik, soll unabhängig vom Steuerungsprogramm
eine Überwachung und Diagnose sowie das Einleiten von Reaktionsmaßnahmen erfolgen. Hierfür ist im Rahmen dieser Arbeit
ein, sowohl für die Steuerungsein- als auch -ausgangsseite,
durchgängiges Konzept eines steuerungsperipheren Diagnosesystems zu erarbeiten (Bild 2-7).

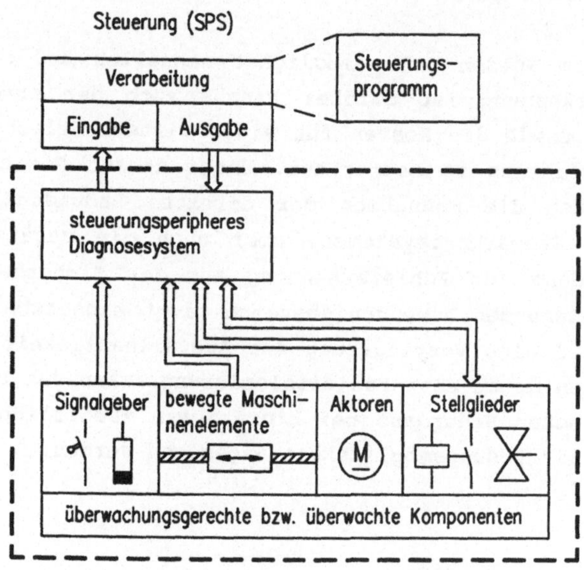

Bild 2-7: Steuerungs- und Diagnosestruktur bei Verwendung
eines steuerungsperipheren Diagnosesystems

Notwendig für das steuerungsperiphere Diagnosesystem mit den
Aufgaben Überwachung, Diagnose und Reaktion ist das Bereit-
stellen zusätzlicher Überwachungs- und Diagnosedaten durch
neu zu entwickelnde überwachungsgerechte Signalgeber,
Stellglieder und Aktoren sowie von überwachten, bewegten
Maschinenelementen.

Das Verlagern der zusätzlichen Verarbeitungsfunktionen in
die Steuerungsperipherie verlangt zugleich festgelegte

Schnittstellen für den Datenaustausch. Insbesondere die Schnittstellen zwischen:

- den überwachungsgerechten peripheren Komponenten und dem Diagnosesystem,
- dem Diagnosesystem und der Steuerung (Steuerungsprogramm) sowie
- dem Diagnosesystem und einem Anzeigesystem

sind zu definieren. Dabei reicht es nicht aus, nur die physikalischen Schnittstellen zu beschreiben, vielmehr ist der Inhalt sowie die Struktur der auszutauschenden Informationen festzulegen. Der in Bild 2-7 eingerahmte Teil soll im weiteren Verlauf dieser Abhandlung erarbeitet werden.

In Bild 2-8 sind die in dieser Arbeit behandelten Maßnahmen für die Verbesserung der technischen Verfügbarkeit aufgezeigt. Außer diesen soll das Steuerungsprogramm von Teilen der Überwachungs- und Diagnoseaufgaben sowie der Anwender von Teilen der Projektierung der Diagnosefunktionen entlastet werden.

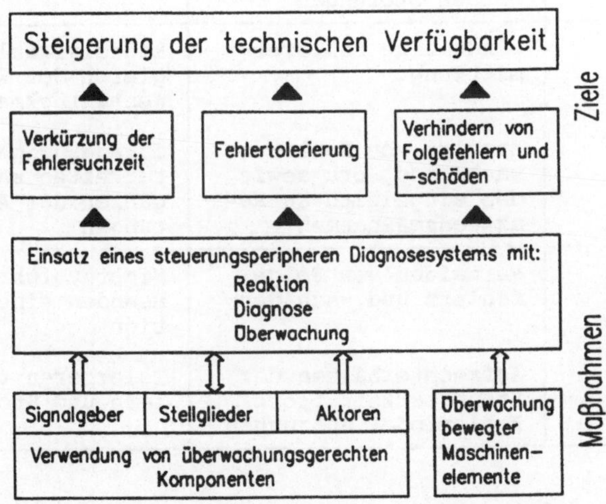

Bild 2-8: Maßnahmen und Ziele bei Einsatz des steuerungsperipheren Diagnosesystems

3 Anforderungen an ein Steuerungssystem bei Einsatz des steuerungsperipheren Diagnosesystems

Bei der Konzipierung eines Steuerungssystems mit Überwachung
und Diagnose in der Steuerungsperipherie sind Anforderungen
an
- das steuerungsperiphere Diagnosesystem
- die peripheren Komponenten sowie
- den Datenaustausch zur Steuerung und den Komponenten
zu berücksichtigen.

Aufgabe	Anforderung	Vorgehensweise
Überwachung (Kap. 4)	eindeutiges Erkennen von Fehlern unabhängig vom Prozeßsignalwechsel und der Signalweiterverarbeitung Erkennen von statischen als auch intermittierenden Störungen	Überwachung und Test der Komponenten unabhängig vom Steuerungsprogramm Erweiterung bzw. Kombination von Überwachungsverfahren permanente Überwachung
Diagnose (Kap. 5.3)	eindeutige Fehlerermittlung Anzeige von Fehlerursache und -ort sowie der eingeleiteten Reaktionsmaßnahmen	Einzelsignalvergleich der Komponentenrückmeldungen durchgängiges Weiterleiten und Ergänzen der Auswertungen
Reaktion (Kap. 5.4)	Vermeiden von Folgefehlern und -schäden Aufrechterhalten der Steuerbarkeit trotz Fehler oder Störungen	Nichtausführen bzw. Beenden einer Funktion Tolerieren von Fehlern und Störungen

Tabelle 3-1: Anforderungen an die Überwachungs- und Diagnoseaufgaben

3.1 Steuerungsperipheres Diagnosesystem

Die Anforderungen an das steuerungsperiphere Diagnosesystem
beziehen sich zum einen auf die Überwachungs- und Diagnoseaufgaben, zum anderen auf die Projektierung (Strukturdaten-
eingabe, Datenverarbeitung und -bereitstellung) des Diagnosesystems. Tabelle 3-1 beinhaltet die für Überwachung, Diagnose und Reaktion zu berücksichtigenden Anforderungen.

Da die Zeit für das Erkennen und Lokalisieren von Fehlern
sowie dem Einleiten von Reaktionsmaßnahmen in erster Linie
durch die Zeitanforderungen der zu steuernden Anlage bzw.
des Prozesses bestimmt wird, ergeben sich unter dem Gesichtspunkt der zeitlich schnellen Datenabarbeitung und
-bereitstellung Anforderungen an die Projektierung des
steuerungsperipheren Diagnosesystems. Diese sind in Tabelle
3-2 zusammengestellt.

Aufgabe	Anforderung	Vorgehensweise
Strukturda- teneingabe (Kap. 6.5)	übersichtliche, eindeu- tige Eingabemöglichkeit ohne Programmierkennt- nisse	menügeführte Einga- beoberfläche mit auswählbaren Struk- turdaten
Abarbeiten und Bereit- stellen der Daten (Kap. 5.7.2.1, 5.7.2.3)	kurze Reaktionszeiten einheitliche Funktions- bausteine	Verteilte Aufgaben- ausführung und überwiegend paral- lele Verarbeitung modularer Aufbau und Verwendung von konfigurierbaren Funktionsbausteinen
Informati- onsdarstel- lung und -speicherung (Kap.5.7.1, 6.2.1)	einfache Datenstruktur für den schnellen Zu- griff und die Abarbei- tung	Verwendung von Kom- ponenten- und Ab- lauflisten

Tabelle 3-2: Anforderungen an die Projektierung des steuerungsperipheren Diagnosesystems

Dabei sind auch die Anforderungen an die Dateneingabe der
für das Ausführen der Diagnosesystemaufgaben zusätzlich vom
Anwender benötigten Informationen zu berücksichtigen, da
diese bislang in der Regel nicht explizit bereitgestellt
werden. Insbesondere Lösungen für die gerätetechnische Realisierung sind auch nach wirtschaftlichen und konstruktiven
Kriterien zu analysieren.

3.2 Steuerungsperiphere Komponenten

Das steuerungsperiphere Diagnosesystem basiert im Vergleich
zu bekannten Lösungen auf weitergehenden Rückmeldungen (zusätzliche Überwachungs- und Diagnosedaten) von binären peripheren Komponenten. Da bis auf wenige binäre Signalgeber
(s. Kap. 2.3.2.2) diese Komponenten bisher nicht für die
Fehlerüberwachung ausgelegt sind, müssen bei der Entwicklung
sogenannter überwachungsgerechter Komponenten die in Tabelle
3-3 aufgezeigten Anforderungen berücksichtigt werden.

Aufgabe	Anforderung	Vorgehensweise
Überwachung (Kap. 5.1.1)	Erkennen von Funkti- ons- bzw. Teilfunkti- onsausfällen oder -störungen	Integration von Überwachungssen- sorik bzw. -logik Signalvorverarbei- tung in den Kompo- nenten
Ankopplung an die Steuerung (Kap. 5.7.2.2)	kostengünstige, fle- xible Ankopplung der verschiedenen Kompo- nenten	Entwicklung von einheitlichen Modu- len für gleiche Komponententypen

Tabelle 3-3: Anforderungen an steuerungsperiphere Komponenten

Zugleich ist jedoch zu beachten, daß die zusätzlich integrierte Überwachungssensorik bzw. -logik durch Ausfall ihrerseits zu Betriebsstörungen führen und damit die Verfügbarkeit der Anlage beeinträchtigen kann (s. /42/). Es ergeben sich damit auch Anforderungen an einen fehlersicheren Aufbau der Überwachungs- und Diagnoseeinrichtungen, damit Fehler in der Überwachungseinrichtung nicht zu einer Unterbrechung des Fertigungsablaufs führen (Kap. 4.3).

3.3 Datenaustausch zwischen Diagnosesystem und Steuerung bzw. Komponenten

Die Anforderungen an den Datenaustausch zwischen Diagnosesystem und Steuerung bzw. Komponenten sind in Tabelle 3-4 zusammengestellt.

Aufgabe	Anforderung	Vorgehensweise
Datenaustausch zur Steuerung (Kap. 5.6)	einheitlicher Austausch von Zustandsabbild und Steuerungsausgaben kurze Zugriffszeiten	Definition von einheitlichen Schnittstellen nach Dateninhalt und -struktur Bereitstellen von Diensten
Datenaustausch zu den Komponenten (Kap. 5.1.3)	Austausch von Status-, Überwachungs- und Diagnosedaten geringe Datenübertragungszeit	Definition von einheitlichen Schnittstellen nach Dateninhalt und -struktur je Komponententyp

Tabelle 3-4: Anforderungen an den Datenaustausch

Die Signalvorverarbeitung im steuerungsperipheren Diagnosesystem erfordert eine enge Kopplung zwischen der Steuerung und dem Diagnosesystem für den Austausch des in der Steuerungsperipherie gewonnenen Zustandsabbilds sowie den aus der Steuerung stammenden Ausgabesignalen. Von den verschiedenen peripheren Komponenten wie Signalgeber, Stellglied und Aktor sind zusätzliche Informationen bereitzustellen. Die auszutauschenden Daten sollen nach Inhalt und Struktur festgelegt werden.

Auf der Steuerungsseite sind Mittel (Tools) zur Verfügung zu stellen, die es ermöglichen, Daten aus der Steuerungsperipherie ins Steuerungsprogramm zu integrieren bzw. einzulesen. Weiterhin ist es wünschenswert, für die Verarbeitung der vom steuerungsperipheren Diagnosesystem bereitgestellten Signale im Steuerungsprogramm, eine Erweiterung des bislang bekannten Befehlsvorrats in den Programmiersprachen für speicherprogrammierbare Steuerungen /43,44/ vorzunehmen. Auf diese Problematik wird in dieser Arbeit jedoch nicht eingegangen, da dies den Rahmen dieser Abhandlung überschreiten würde.

4 Erweiterte Überwachung zur eindeutigen Fehlererkennung

Bislang werden die bekannten Überwachungsverfahren in der
Regel gesondert eingesetzt und dienen häufig zur Überwachung
von verschiedenen Fehlerursachen. Dabei ist keines der Verfahren allein für das eindeutige Erkennen von steuerungsexternen Fehlern ausreichend. Verfahren aus der Sicherheitstechnik (z.B. Verwendung von dynamischen Signalen) werden in
der Fertigungstechnik normalerweise nicht eingesetzt. Es
sind somit folgende Lücken zu verzeichnen:

- es kann nicht zwischen einem Geberausfall und einem Lei-
  tungsfehler unterschieden werden, da für die unterschiedlichen Fehlerursachen das gleiche Überwachungsverfahren
  verwendet wird und so zu gleichen Fehlersymptomen führt;

- widersprüchliche Gebersignale können bei herkömmlichem
  Aufbau nur in den Schaltpositionen erkannt werden;

- die Stellgliedfunktionstüchtigkeit kann im nicht angesteuerten Zustand nicht überprüft werden;

- Verbindungsfehler zwischen Stellglied und Aktor sowie Kom-
  ponentenausfälle in der Aktorik sind nicht eindeutig zu
  erkennen.

Entsprechend der aus der Fehleranalyse ermittelten Fehlerursachen im steuerungsperipheren bzw. -externen Bereich
sowie aufgrund der fehlenden durchgängigen Überwachung auf
der Signalgeber- als auch auf der Aktorikseite, ist eine
Erweiterung der signalbezogenen Verfahren bzw. eine Kombination dieser erforderlich. Bei der Kombination von Verfahren reicht das alleinige Auswerten von Signalzuständen nicht
aus, vielmehr ist die Kenntnis über den Aufbau der Komponenten bzw. deren Anordnung erforderlich (**strukturbezogene
Überwachungsmethoden**). Die strukturbezogenen Überwachungsmethoden dienen zum einen zur gleichzeitigen Überwachung

mehrerer peripherer Komponenten und zum anderen sollen sie
das Lokalisieren von Fehlern bzw. der gestörten Teilfunktion
an einer Einzelkomponente ermöglichen. Die Abhängigkeit der
drei verschiedenen Überwachungsmethoden - signal-, struktur-
und funktionsbezogen - vom Steuerungsprogramm und deren
Einteilung in bezug auf das Überwachungsobjekt (Einzelkomponente, mehrere Komponenten) sowie Überwachung von Einzel-
signalen bzw. mehreren Signalen ist in Bild 4-1 zusammengestellt.

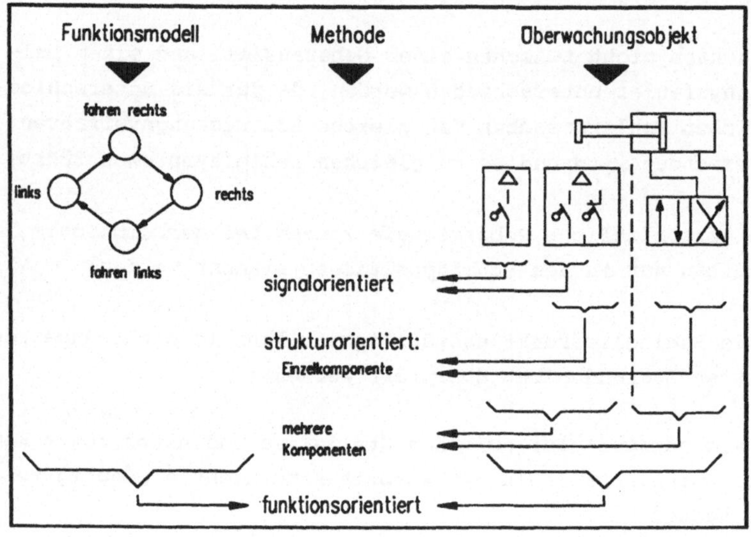

Bild 4-1: Klassifikation der Überwachungsmethoden

Die signal- und strukturorientierten Überwachungsverfahren,
bezogen auf eine Einzelkomponente, sind im weiteren Verlauf
dieser Arbeit unter dem Begriff **Komponentenüberwachung** zusammengefaßt. Demgegenüber werden die strukturorientierten
Überwachungsverfahren zur gleichzeitigen Überwachung mehrerer Komponenten unter dem Begriff **Gruppenüberwachung** ge-
führt.

Die Erweiterungen bzw. Kombination der Überwachungsverfahren
für die verschiedenen peripheren Komponenten werden nachfolgend ausgeführt, so daß sowohl für die Ein- als auch für
die Ausgangsseite eindeutig der Fehlerort bzw. die gestörte
Teilfunktion bestimmt werden können /45/.

4.1 Überwachungsverfahren für Einzelkomponenten

Entsprechend der Unterteilung der Überwachungsverfahren bezogen auf Einzelkomponenten (Komponentenüberwachung) bzw.
auf mehrere Komponenten (Gruppenüberwachung) werden zunächst
weitergehende Verfahren für die Überwachung der Einzelkomponenten Signalgeber, Stellglied und Aktor erarbeitet.

4.1.1 Überwachungsverfahren für binäre Signalgeber

Vor allem der Einsatz von Gebern mit ansteckbarem Kabel oder
in den Fällen der dynamischen Beanspruchung der Verbin-
dungsleitungen ist es hilfreich, wenn der Fehler eindeutig
der Komponente oder der Verbindungsleitung zugeordnet werden
kann. Eine Kombination der in Kap. 2 dargestellten signal-
orientierten Verfahren, das Überprüfen der Funktionstüchtigkeit durch Testsignale sowie das Überwachen auf eine
fehlerfreie Verbindungsleitung mittels Rest- bzw. Last-
strommessung oder Verwendung dynamischer Signale, geschieht
bislang nicht. Erst die Kombination der Verfahren zur Funk-
tionsüberprüfung und des Leitungstests ermöglicht das Lokalisieren der Fehlerursache, so daß zwischen einem Geberausfall bzw. einer defekten Verbindungsleitung unterschieden
werden kann. Das Blockbild 4-2 verdeutlicht die funktionale
Struktur eines überwachungsgerechten Signalgebers.

Die im Bild angedeutete Signalaufbereitung für die dynamische Signalübertragung ermöglicht bei Verwendung von z.B.

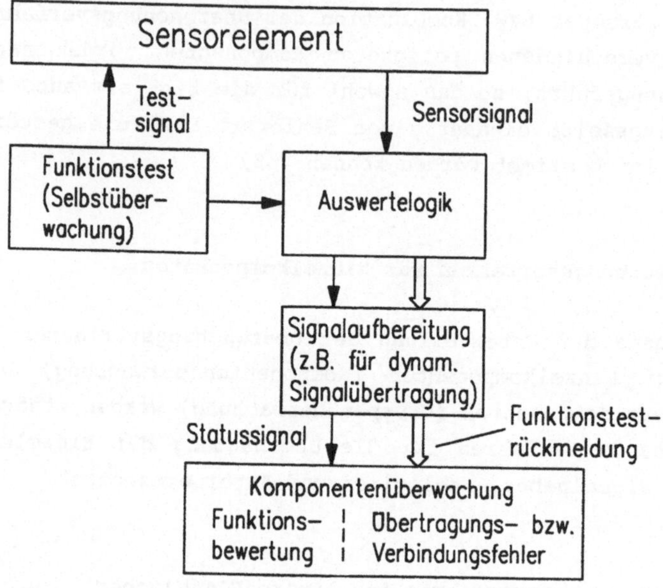

Bild 4-2: Beispiel eines überwachungsgerechten Signalgebers

frequenzanalogen Signalen durch das Zuweisen zweier unterschiedlicher Frequenzen f1 und f2 das Übertragen der binären Signale 'HIGH' und 'LOW' eines Signalgebers. Bei fehlerfreier Leitung muß in genanntem Fall ständig ein Signalaustausch stattfinden. Ein vorliegender Verbindungsfehler (z.B. Leitungsbruch oder gelöste Verbindung) wird somit durch das Ausbleiben von Signalen eindeutig erkannt. Die Information über die Funktionstüchtigkeit der Komponente kann beispielsweise durch mehrstufige Modulation in Ergänzung zur logischen Statusinformation mit übertragen werden.

4.1.2 Stellgliedüberwachung

Ein von der Steuerung (SPS) nicht angesteuertes Stellglied kann bislang nicht auf Funktionstüchtigkeit getestet werden.

Fehler sind damit erst bei geforderter Stellgliedfunktion
erkennbar. Aus diesem Grund werden die bei Stellgliedern
durch Strommessung möglichen Leitungs- und gegebenenfalls
damit verbundenen Spulentests um einen Stellgliedfunktions-
test erweitert. Das vorgeschlagene signalbezogene aktive
Verfahren erlaubt, Stellglieder bereits zu Zeiten der
Nichtansteuerung auf Funktionstüchtigkeit zu überprüfen.
Dabei ist zu beachten, daß aufgrund der Testsignale kein
Anlaufen der angeschlossenen Aktorik erfolgt. In Bild 4-3
ist der Funktionstest für ein elektromechanisches Stellglied
erläutert.

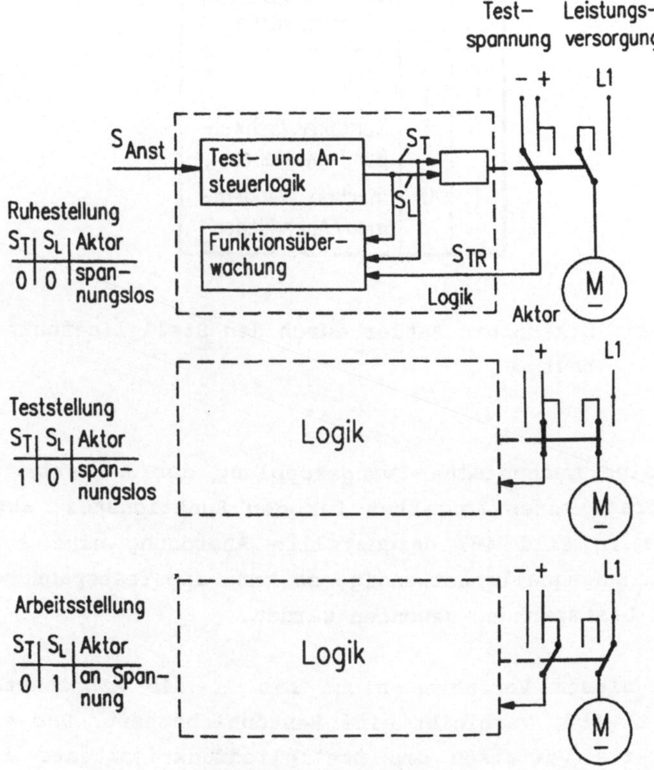

Bild 4-3: Ablauf eines elektromechanischen Stellgliedfunktionstests /45/

Das Stellglied wird von Seiten der Steuerung wie bisher durch ein binäres Signal (S_{Anst}) angesteuert. Bevor jedoch das Signal zur Ansteuerung der Last (S_L) durch die Test- und Ansteuerlogik ausgegeben wird, erfolgt ein Funktionstest mittels des Testsignals (S_T). Erst das Schalten der Kontakte aus der Ruhe- in die Teststellung und das Rückmelden des erfolgreichen Testverlaufs über das Signal S_{TR} (=1) erlauben das Durchschalten der Lastspannung durch Anlegen des Signals (S_L). Der Funktionstest wird in der in Bild 4-3 abgebildeten Logik ausgeführt. Mit diesem Verfahren sind die in Bild 4-4 aufgezeigten Fehlerursachen zu erkennen.

S_T	S_{TR}	Fehlerursache
0	0	–
1	1	–
0	1	Kontaktverschwei-ßen/-verkleben
1	0	mechan. Verklem-men/Ankerkleben

Bild 4-4: Erkennbare Fehler durch den Stellgliedfunktions-test

Durch eine mechanische Zwangskopplung der Kontakte reicht die Abfrage eines Kontaktes für den Funktionstest aus. Ist für die in Bild 4-3 dargestellte Anordnung eine separate Testspannungsquelle notwendig, so kann die Testspannung auch aus der Lastspannung gewonnen werden.

Da mit diesem Verfahren nicht bis in die Arbeitsstellung getestet wird, verbleibt eine Restunsicherheit. Das signal-orientierte Verfahren des Stellgliedfunktionstests liefert zwar eine Aussage über die Funktionstüchtigkeit und über ein mögliches Verschweißen der Kontakte bzw. von Ankerkleben, gestattet jedoch keine Angabe über einen vorliegenden Abbrand an den Schaltkontakten oder gelösten Verbindungen an den Klemmkontakten. Bislang werden diesbezüglich keine Informationen von den Stellgliedern zurückgemeldet. Deshalb wurde zusätzlich ein strukturbezogenes Überwachungsverfahren für die Klemm- und Schaltkontakte - wie in Bild 4-5 dargestellt - erarbeitet.

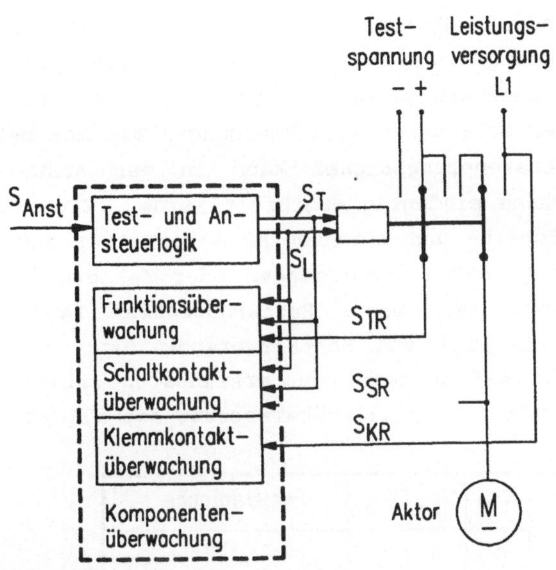

Bild 4-5: Komponentenüberwachung für ein überwachungsgerechtes elektromechanisches Stellglied

In bezug auf das Lokalisieren der Fehlerursache empfiehlt es sich, sowohl eine Überwachung der äußeren (Klemmkontakte) als auch der inneren (Schalt-) Kontakte vorzunehmen. Zu jedem Zeitpunkt müssen die verschiedenen äußeren bzw. inneren Kontakte zueinander konforme Signale aufweisen, so daß bei Mehrphasensystemen eine fehlende Phase (z.B. Fehlen der Phase L3 am Klemmkontakt) lokalisiert werden kann. In den Fällen, in denen beispielsweise nur ein Schaltkontakt eines

Stellglieds (Relais) mit mehreren Schaltkontakten verwendet
wird, ist entweder
- die Überwachung für einzelne bzw. sogar für alle Kontakte
  einer Komponente auszuschalten oder
- die Leistungsversorgung über alle Kontakte durchzuschlei-
  fen.

Entsprechende Ergebnisse lassen sich auch bei der Konformitätsüberwachung der Schaltkontaktrückmeldungen mit dem
Stellgliedansteuerungssignal erzielen. Bei Nichtüberein-
stimmung der Schaltkontaktrückmeldungen mit dem betreffenden
Stellgliedansteuerungssignal kann in der Auswertung jede
fehlende Phase eindeutig ermittelt werden. Erst das Überwachen der Schalt- und Klemmkontakte gestattet somit das Erkennen von gelösten Verbindungen oder Fehlern wie Kontaktabbrand sowie nach einem Zustandswechsel (Ansteuerung ->
keine Ansteuerung) von Kontaktverschweißen. Notwendig für
die in Bild 4-6 aufgezeigten erkennbaren Fehler durch die
strukturbezogene Stellgliedüberwachung ist allerdings das

S_L	S_{TR}	S_{KR}	S_{SR}	Fehlerursache	
0	0	1	0	–	
0	1	1	0	–	(*)
1	1	1	1	–	
1	1	0	0	Leistungsversorgung	(**)
0	0	0	0	Leistungsversorgung	
0	0	1	1	Spannungsüberschlag	
0	1	1	1	Kontaktverschweißen	
1	1	1	0	Kontaktabbrand	

(*) Signalkombinationen nach erfolgreichem
    vorhergehendem Funktionstest
(**) Voraussetzung: Stellglied direkt an Lei-
     stungsversorgung angeschlossen

Bild 4-6: Erkennbare Fehler bei der strukturorientierten
           Stellgliedüberwachung

Wissen um den Komponentenaufbau, d.h., welche Kontakte als
Öffner bzw. als Schließer ausgelegt sind. Beim elektromechanischen Stellglied sind Fehler an den Schaltkontakten
erst im Betrieb zu erkennen.

Bezogen sich die bisherigen Überwachungsverfahren auf elek-
tromechanische Stellglieder, so können diese auch auf elektronische Stellglieder übertragen werden (Bild 4-7). Durch
Überwachen der Stromstärke bzw. des Spannungsabfalls im An-
steuerungs- (SpgA) sowie im Lastkreis (SpgS) sind z.B.
Kurzschluß- und Unterbrechungsfehler oder Bauteilausfälle
eindeutig erkennbar.

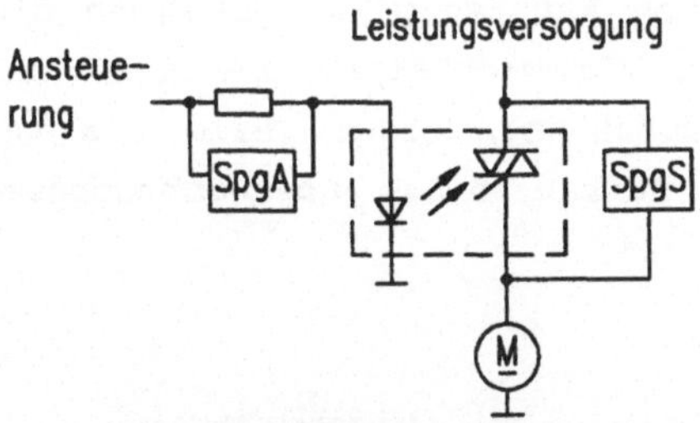

Bild 4-7: Überwachungsgerechtes elektronisches Stellglied

Bei mit Gleichstrom, einphasigem Wechselstrom bzw. Drehstrom
in Dreieckschaltung betriebener Last und dem Einsatz von
elektronischen Stellgliedern ist darauf zu achten, daß die
Last nicht durch ein Funktionstest mittels Testsignalen an-
läuft. Entweder muß die Überwachung mittels eines kurzen
Impulstests erfolgen, der nicht ausreicht, die angeschlossene Last zu schalten, oder aber die Last ist abzutrennen
und statt dessen eine Testlast zuzuschalten. Demgegenüber

kann bei Drehstromansteuerung der Last in Sternschaltung jede Phase des Stellglieds einzeln getestet werden, ohne daß ein Anlaufen der Last möglich ist.

4.1.3 Aktorüberwachung

In gesteuerten Anlagen werden in der Regel keine Signale von Aktoren an die Steuerung zurückgemeldet. Standardmäßig eingesetzte Motorschutzschalter z.B. mit Überspannungsschutz signalisieren einen Fehler durch Abtrennen der Aktorik von der Leistungsversorgung, geben jedoch keine Auskunft über die genaue Ursache bzw. die Funktion des Aktors. Bei der Komponentenüberwachung von Aktoren wird zum einen die Leistungsversorgung an den Klemmkontakten überwacht und zum anderen die Funktionsausführung erfaßt. Bild 4-8 verdeutlicht den notwendigen Aufbau eines überwachungsgerechten Aktors.

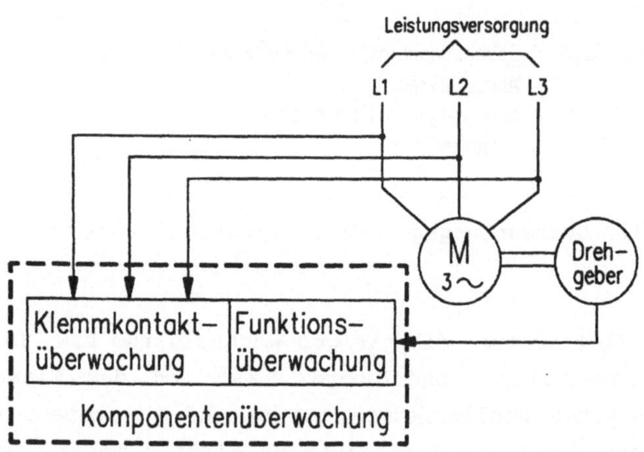

Bild 4-8:   Überwachungsgerechter Aktor

Durch die strukturbezogene Überwachung der Spannung an den Aktorklemmkontakten sind Fehler in der Verbindung Stellglied - Aktor erkennbar, wobei für das Lokalisieren einer fehlenden Phase der Leistungsversorgung das Wissen um die Kombination der Rückmeldungen erforderlich ist. Dabei müssen zu jedem Zeitpunkt die Rückmeldungen von den einzelnen Klemmen (Phasen) zueinander konform sein, ansonsten liegt eine Störung vor. Erfolgt statt der Spannungs- eine Stromüberwachung, so sind Störungen der Aktorfunktion bzw. Störungen (wie das Verklemmen von bewegten Teilen) in der Maschinenebene indirekt zu erkennen. Überströme, verursacht durch das Ein-/ Ausschalten bzw. durch wechselnde Lasten sind für kurze Zeiten zu tolerieren, so daß keine Störungen erfaßt werden, die in Wirklichkeit nicht existieren.

Da die Aktorlastspannungsüberwachung nichts über die Funktionsfähigkeit des Aktors aussagt, wird zusätzlich die Information über die Bewegung zurückgeführt. Das Rückmelden und Auswerten der Information Stillstand bzw. Bewegung ermöglicht durch Vergleich mit der aus der Klemmkontaktüberwachung stammenden Information das Überwachen der Aktor- sowie gegebenenfalls der Maschinenelementfunktion. Dabei müssen die Rückmeldungen zueinander konform sein. Die zusammenfassende Auswertung der aus der Komponentenüberwachung stammenden Information gestattet unter der Voraussetzung eines Einzelfehlers und intakter Überwachungseinrichtungen das Erkennen der in Bild 4-9 dargestellten Fehlerursachen durch die Aktorkomponentenüberwachung. Die mit (*) gekennzeichneten Fehler werden in der Regel durch Stellgliedfehler (z.B. Spannungsüberschlag an den Kontakten bzw. Bauteilausfall bei elektronischen Stellelementen) verursacht.

4.2 Gruppenbezogene Überwachung

Erst das gleichzeitige Überwachen von mehreren Komponenten gestattet das Erkennen der ordnungsgemäßen Funktionserfül-

Phasenüberwachung der Klemmkontakte			Funktions–überwachung	Fehlerursache
L1	L2	L3		
1	1	1	Bewegung	–
0	0	0	Stillstand	–
1	0	0	Stillstand	Phase L1
0	1	0	Stillstand	Phase L2 }(∗)
0	0	1	Stillstand	Phase L3
1	1	0	Bewegung	Phase L3
1	0	1	Bewegung	Phase L2
0	1	1	Bewegung	Phase L1
1	1	1	Stillstand	keine Funktion

mit: 0 = fehlendes,
1 = vorhandenes Rückmeldesignal
(∗) = in der Regel verursacht durch Stellgliedfehler

Bild 4-9: Erkennbare Fehler durch die Aktorkomponentenüberwachung

lung aller beteiligten Komponenten in einer Funktionseinheit. In Erweiterung zu komponentenbezogenen Überwachungsverfahren lassen sich mit gruppenbezogener Überwachung auch Störungen durch äußere Einflüsse ermitteln, die eine ordnungsgemäße Funktionsausführung der Anlage beeinträchtigen. Die Gruppenüberwachung von peripheren Komponenten kann nur mit strukturbezogenen Methoden verwirklicht werden, da die Kenntnis der Komponentenanordnung (Reihenfolge) erforderlich ist. Die erarbeiteten Verfahren beziehen sich zum einen auf das gleichzeitige Überwachen aller in einer Funktionseinheit angeordneter Signalgeber auf widersprüchliche Signale, zum anderen auf die Konformitätsüberprüfung der Rückmeldungen von den in einer Wirkkette angeordneten Komponenten wie Stellglied - Aktor - bewegtes Maschinenelement.

4.2.1 Überwachung von Signalgebern auf widersprüchliche Signale

Durch Vergleich der Signale aller in einer Funktionseinheit beteiligten Signalgeber auf widersprüchliche Signalkombinationen, können Komponentenfehler, bzw. bei Ausschluß von Signalgeberausfällen durch die Komponentenüberwachung, Störungen auf den Fertigungsablauf durch äußere Einwirkungen (wie z.B. ständiges Bedämpfen durch Späne oder durch eine Dejustage) erkannt werden.

Bei der in Bild 2-3 aufgezeigten Anordnung sind nur die Fehler, die zu der Signalkombination (1,1) führen, durch alleinige Auswertung der Signalzustände erkennbar. Die im Bild mit (*) gekennzeichneten fehlerhaften Signalkombinationen sind identisch mit im Verfahrbereich auftretenden regulären Signalkombinationen. Für ihr Erkennen ist zusätzliche Information aus dem Steuerungsprogramm erforderlich.

Um fehlerhafte Signalkombinationen unabhängig vom Steuerungsprogramm zu erkennen, muß jeder Signalgeber durch einen direkt redundanten Geber verdoppelt werden, so daß jeder Einfachfehler zu einer widersprüchlichen Signalkombination führt. Die direkte Redundanz bedeutet aber zugleich einen hohen gerätetechnischen Aufwand und wird aus diesem Grund nicht weiter betrachtet. Das gleiche Ergebnis, jedoch mit geringerem Aufwand als die direkte Redundanz, liefert eine **funktionsredundante Geberanordnung** (Bild 4-10). Bei der funktionsredundanten Geberanordnung werden nicht nur dort Signale gewonnen, wo eine Beeinflussung des Prozeßablaufs stattfindet (z.B. bei Erreichen der Endlage für das Abschalten des Aktors), sondern zusätzlich auch die Bewegungszustände durch einen weiteren Geber (S3) erfaßt. Die funktionsredundante Geberanordnung stellt eine Informationsredundanz dar. Über die eigentliche Nutzinformation hinaus erhält man die zusätzliche Information über die momentane Stellung des bewegten Maschinenelements. Mit der funk-

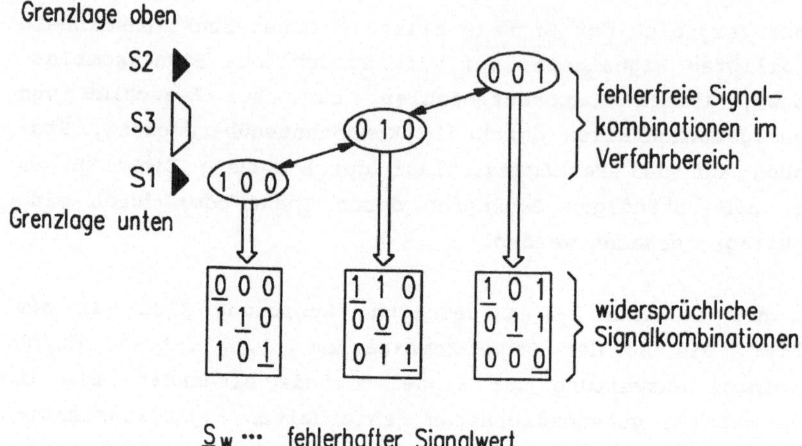

Bild 4-10: Signalkombinationen an einer einfachen Bewegungseinheit bei funktionsredundanter Geberanordnung

tionsredundanten Geberanordnung und der Signalgebergruppenüberwachung können widersprüchliche Signalkombinationen über den gesamten Verfahrbereich, zum einen verursacht durch mehrere logisch '1'- Signal führende Geber, und zum anderen durch das gleichzeitige Bereitstellen eines logisch '0'-Signals aller Geber, erkannt werden.

Es gilt jedoch zu berücksichtigen, daß für den Zeitpunkt des Zustandswechsels widersprüchliche Signalkombinationen auftreten können. Da die Überwachung in der Steuerungsperipherie permanent erfolgt, d.h. unabhängig von der Wahl der Betriebsart (z.B. Hand- oder Automatikbetrieb), ist ferner zu beachten, daß gegebenenfalls benachbarte Geber über einen längeren Zeitraum gleichzeitig bedämpft werden (z.B. in der

Betriebsart 'Hand' oder 'Einrichten'). Handelt es sich in beiden Fällen um erlaubte Signalkombinationen, so entspricht der genannte Fall im Automatikablauf einer Störung. Da im steuerungsperipheren Diagnosesystem die Information über die angewählte Betriebsart fehlt, können somit auftretende widersprüchliche Signale während des Zustandswechsels nicht durch eine in einem 'Lernlauf' (Betreiben von Anlagenteilen mit später bei realem Einsatz ebenfalls vorliegender bzw. gegebener Betriebsparameter z.B. Geschwindigkeit) ermittelte Zeit toleriert werden. Deshalb werden die Signale aller Geber einer Funktionseinheit der logischen Reihenfolge nach ausgewertet und miteinander verglichen. Dabei wird das Signal der direkt auf einen bedämpften Geber nachfolgenden Komponente (Nachbar) nicht mit in die Überwachung einbezogen. Bild 4-11 verdeutlicht den Ablauf der widersprüchlichen Gebersignalüberwachung.

Das gerade vorgestellte Überwachungsprinzip vermeidet bei der Auswertung der Signalkombinationen das Melden von Pseudofehlern in Betriebsarten, in denen auch Zwischenstellungen erlaubte Ruhezustände darstellen. Äußere Störungen, wie das Bedämpfen durch Späne nicht benachbarter Geber, werden jedoch durch das Auftreten von widersprüchlichen Signalkombinationen in einer Funktionseinheit erkannt. Das Verfahren hat weiterhin den Vorteil, daß nicht für alle möglichen widersprüchlichen Signalkombinationen Überwachungsmasken erstellt und diese mit dem eingelesenen Signalgeberabbild der Funktionseinheit auf widersprüchliche Signalkombinationen überprüft werden müssen.

Mehrere logisch '1'- Signal führende Geber werden mit der erläuterten widersprüchlichen Signalüberwachung auf mehrere gleichzeitig bedämpfte Geber erkannt. Geberausfälle mit ständig logisch '0'- Signal sind mit diesem Verfahren nicht zu erfassen. Da bei funktionsredundanter Geberanordnung über den gesamten Verfahrbereich mindestens ein Signalgeber logisch '1'- Signal führen muß, findet zusätzlich eine Über-

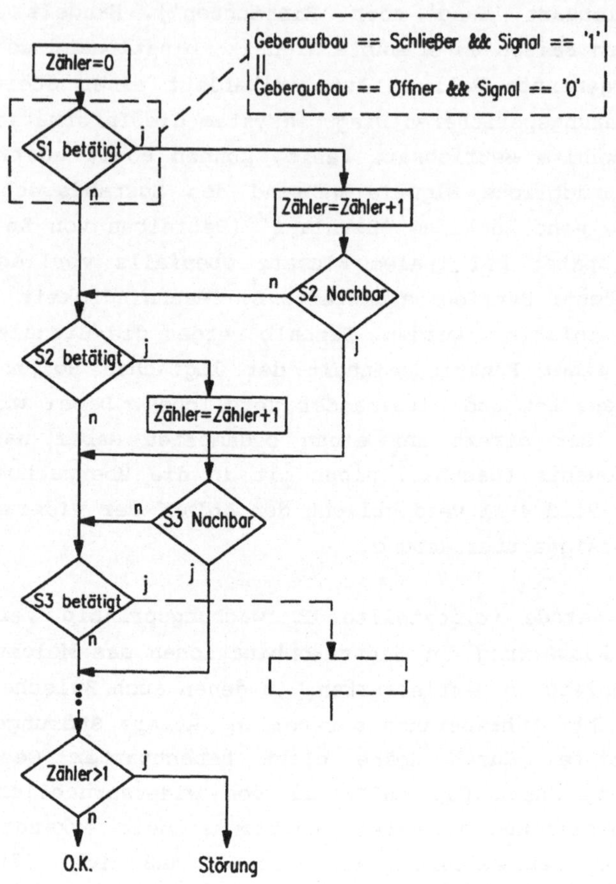

Bild 4-11: Die widersprüchliche Gebersignalüberwachung auf mehrere gleichzeitig bedämpfte Signalgeber.

wachung auf mindestens einen logisch '1'- Signal führenden Geber statt. Dieses Verfahren gestattet das Erkennen der in Bild 4-10 aufgezeigten widersprüchlichen Signalkombination (0,0,0).

Durch das Anordnen von Schaltnocken und zusätzlich installierten Gebern zwischen den Schaltpositionen, lassen sich

auch bei komplexeren FE (Bild 4-12) die Bewegungszustände
sowie die Zwischenpositionen erfassen.

<table>
<tr><td colspan="2">Graphentyp (für Diagnose)</td><td>Funktionseinheit</td></tr>
<tr><td colspan="2">lagebestimmt translat./rotat.</td><td>Verfahrachse
Hubeinrichtung
Schwenkeinrichtung
Spanneinrichtung</td></tr>
<tr><td>lagebestimmt</td><td>translatorisch</td><td>Verfahrachse
Transporteinrichtung
Zustellung</td></tr>
<tr><td>lagebestimmt</td><td>rotatorisch</td><td>Rundschalttisch
Revolverkopf
Drehtisch
Be- und Entlade-
einrichtung</td></tr>
</table>

Bild 4-12: Komplexere Funktionseinheiten (FE) einer Fertigungseinrichtung in Graphendarstellung nach /54/

Bei mehreren Schaltpositionen entsteht aber ein hoher ge-
rätetechnischer Aufwand für das Anbringen der Schaltnocken.
Der Einsatz eines Sensors (nicht binärer Geber) bzw. eines
Weg- und Drehzahlmeßsystems eignet sich insbesondere dann

zur Gewinnung der funktionsredundanten Signale, wenn die verschiedenen Schaltpositionen eindeutig ermittelt werden können. Hierfür müssen sich die Merkmale der Schaltpositionen von den Merkmalen der Bewegungszustände unterscheiden. Durch Überwachung der binären Gebersignale mit den Sensordaten auf Konformität werden durch Abweichung der in Bild 4-13 beispielhaft gezeigten Zuordnungen von Geber und Sensorsignalen widersprüchliche Signalzustände erkannt. Eine solche funktionsredundante Sensoranordnung stellt eine direkte Redundanz dar und besitzt den Vorteil, daß trotzdem nicht jeder Geber für das Erfassen einer Schaltposition verdoppelt werden muß.

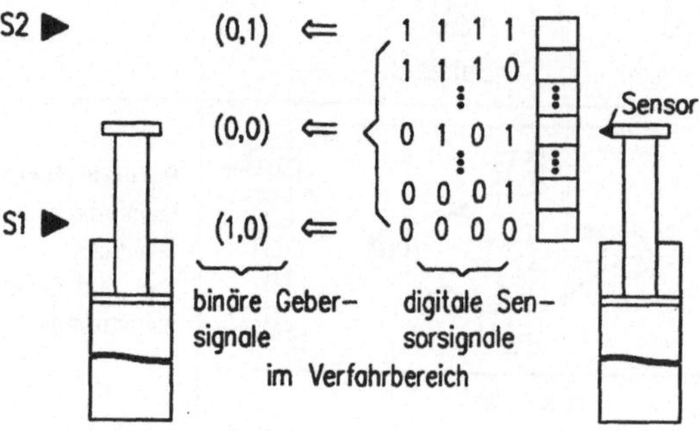

Bild 4-13: Signalzustände einer Bewegungseinheit bei funktionsredundanter Sensoranordnung

Für das eindeutige Erkennen des gestörten bzw. defekten Gebers ist die Funktionstüchtigkeit des Sensors zu überprüfen. In diesem Fall erübrigt sich der Funktionstest für die einzelnen binären Signalgeber.

4.2.2 Konformitätsüberwachung der Rückmeldungen aus der Aktorik

Die komponentenbezogenen Überwachungsverfahren dienen zum Erkennen von Fehlern an einer Einzelkomponente. Sie geben jedoch keinerlei Aufschluß über die ordnungsgemäße Funktionsausführung im Vergleich mit der beabsichtigten Funktion. Das beispielsweise sequentielle Überprüfen der in Bild 4-14 dargestellten Komponentenrückmeldungen von den in der Ausgangswirkkette angeordneten Komponenten auf Konformität ermöglicht das Erkennen einer defekten oder gestörten Komponente sowie von Verbindungsfehlern zwischen den einzelnen Baueinheiten.

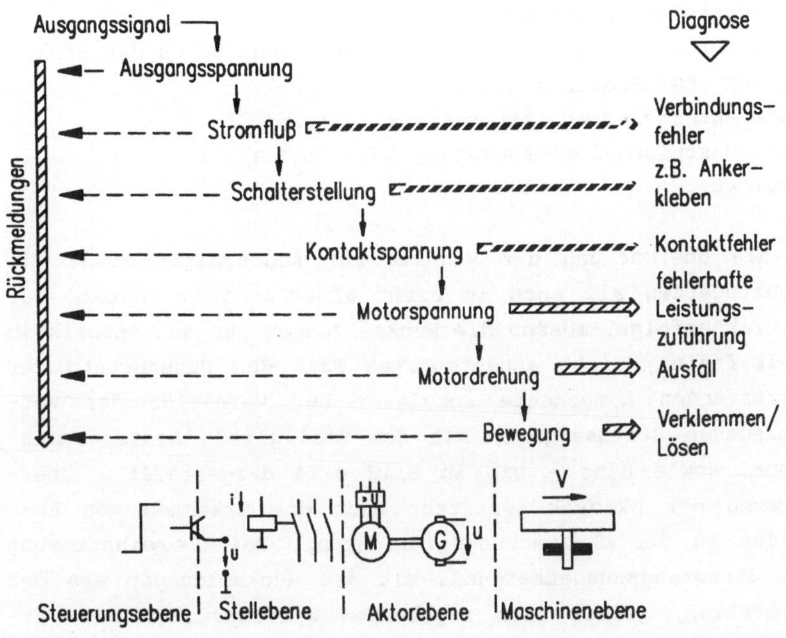

Bild 4-14: Rückmeldungen von Stellgliedern, Aktoren und bewegten Maschinenelementen /45/

In Abhängigkeit vom Steuerungsausgabesignal wird innerhalb
einer bestimmten Zeit eine entsprechende Rückmeldung aller
in der Wirkkette vorkommender Einzelkomponenten erwartet.
Die nachfolgend erläuterte Konformitätsüberwachung geschieht
nach dem in Bild 4-15 aufgezeigten Ablauf.

Vor dem Auswerten der Komponentenrückmeldungen wird überprüft, inwieweit die betreffenden Signale z.B. aufgrund be-
stehender Schaltzeiten beim Ein- bzw. Ausschalten gültig
sind, und damit für die Überwachung verwendet werden können.
Anschließend werden die jeweiligen Komponentenstatussignale
mit dem Steuerungsausgabesignal (= Stellglied- Ansteuerungssignal) auf Konformität überwacht. Bei ordnungsgemäßer
Funktion aller im Wirkkreis vorliegender Komponenten, wird
im angesteuerten Zustand
- das Durchschalten der Leistungsversorgung durch das Stellglied (SG- Status = 1),
- die Aktorbewegung (Aktorstatus = 1) und
- die Maschinenelementbewegung (ME- Status = 1)
erwartet.

Da die Überwachung der Signale auf Konformität sowohl im
angesteuerten als auch im nicht angesteuerten Zustand der
Aktorik erfolgt, müssen die Rückmeldungen aus der Aktorik im
fehlerfreien, nicht angesteuerten Fall den Ruhezustand der
betreffenden Komponente anzeigen. Der Vergleich der verschiedenen Statussignale mit dem Stellglied- Ansteuerungssignal sowie eine - wie in Bild 4-14 dargestellt - Überwachung der Aktorik gestattet auch das Erkennen von Ausfällen in der Überwachungseinrichtung. Bei Übereinstimmung
des Steuerungsausgabesignals mit den Rückmeldungen aus der
Aktorebene, jedoch sich ergebenden Widersprüchen bei Vergleich mit den Rückmeldungen aus der Stellgliedebene, wird
zunächst überprüft, ob bereits Fehler durch die Komponentenüberwachung erfaßt wurden (s. Bild 4-15 SG-Fehler- Abfrage). Die aus der Komponentenüberwachung stammende Fehler-

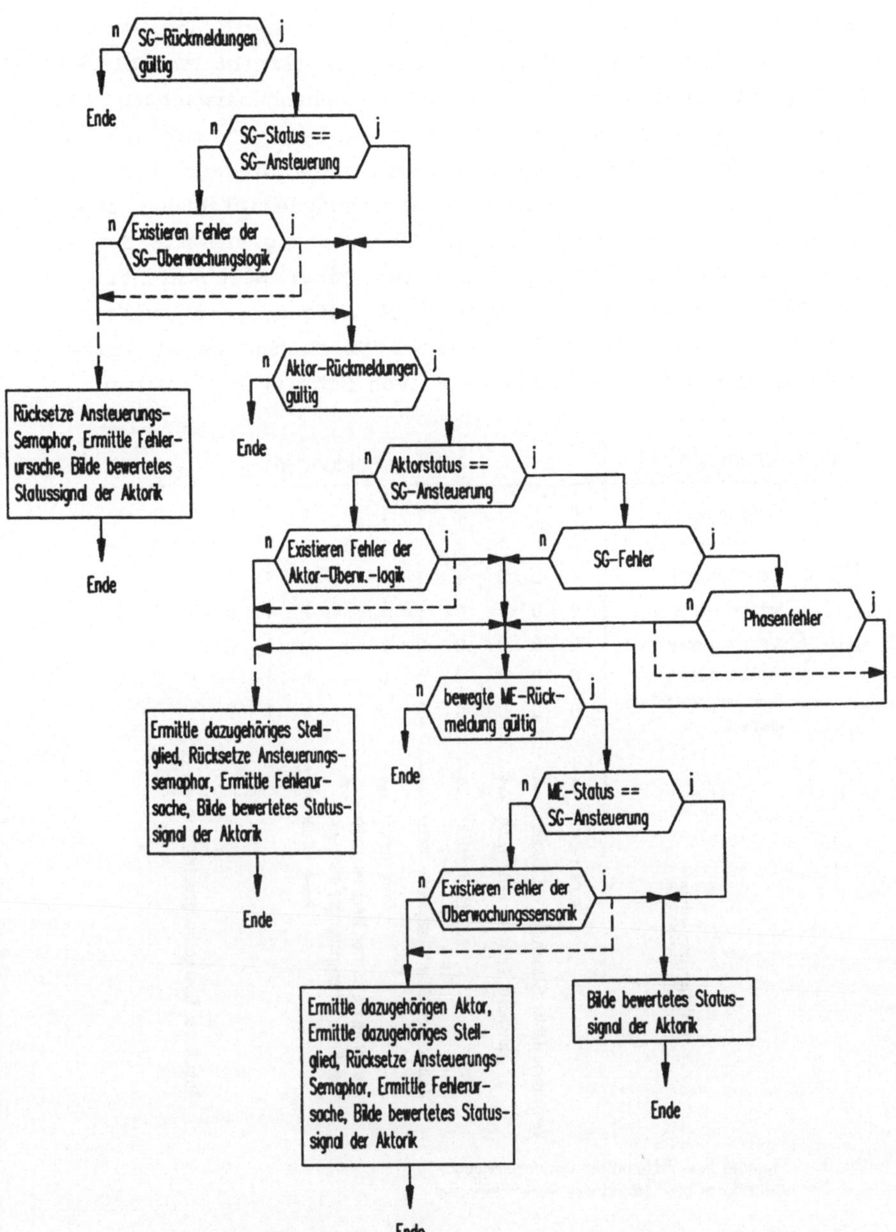

Bild 4-15: Flußdiagramm zur Konformitätsüberwachung der Aktorik

meldung enthält den genauen Fehlerort innerhalb der Baueinheit bzw. die fehlerhafte Teilfunktion. Ergibt sowohl die
Stellglied- als auch die Aktorkomponentenüberwachung die
gleiche Fehlerursache, so liegt ein Fehler vor, der ein Abschalten der Aktorik erfordert. Anderenfalls kann der Ausfall eindeutig der Stellgliedüberwachungseinrichtung zugeordnet werden. Bei durchgängiger Überwachung und mit dem in
Bild 4-15 dargestellten Ablauf sind unter Berücksichtigung
von Einzelfehlern die in Bild 4-16 aufgezeigten Fehlerursachen zu erfassen. Der besseren Übersicht wegen wurden
mehrere Signalrückmeldungen (z.B. von Schaltkontakten) zu

Überwachungsobjekt		Rückmeldungen													
Stellglied	Steuerungsausgabe	0	1	1	1	1	1	1	1	1	1	1	1	1
	Ansteuerungssignal	0	0	1	1	1	1	1	1	0	1	1	1	1
	Klemmkontakte	0	0	0	1	1	1	1	1	1	0	1	1	1
	Schaltkontakte	0	0	0	0	1	1	1	1	1	1	0	1	1
Aktor	Klemmkontakte	0	0	0	0	0	1	1	1	1	1	1	0	1
	Funktionstüchtigkeit	0	0	0	0	0	0	1	1	1	1	1	1	0
	Bewegung Maschinen-element	0	0	0	0	0	0	0	1	1	1	1	1	1

Fehlerursache:
- keine Fehler
- Verbindungsfehler Steuerung – Stellglied
- fehlerhafte Leistungsversorgung
- Stellglied defekt
- Verbindungsfehler Stellglied – Aktor
- Aktor defekt
- Verklemmung in der Mechanik oder Ausfall der Überwachungseinrichtung
- keine Fehler
- Ausfall der Überwachungseinrichtung

Mit: 0 = fehlendes bzw. fehlerhaftes Rückmeldesignal
1 = vorhandenes bzw. fehlerfreies Rückmeldesignal

Bild 4-16: Auswertung der Komponentenrückmeldungen aus der
Aktorik

einem Signal zusammengefaßt. Es ist jedoch zu beachten, daß ein Teilausfall in der Überwachungslogik für die Aktor-Klemmenüberwachung nicht immer von einem Verbindungsfehler zu unterscheiden ist. Trotz eines Phasenausfalls kann der Aktor gegebenenfalls anlaufen und somit den nachfolgenden Überwachungseinrichtungen eine einwandfreie Funktion vortäuschen. Die in Bild 4-15 gestrichelt eingezeichneten Wirklinien symbolisieren den Ablauf bei einem erkannten Fehler und anschließendem Stillsetzen des betreffenden Anlagenteils. Fehlabschaltungen durch die zusätzlich installierte Überwachungssensorik bzw. -logik führen somit zu einer weiteren Verringerung der technischen Verfügbarkeit. Zur Vermeidung solcher Fehlabschaltungen empfiehlt sich deshalb der Einsatz von Überwachungseinrichtungen mit vereinbarter sicherer Funktion (s. Kap. 4.3).

4.3 Überwachungseinrichtungen mit vereinbarter sicherer Funktion

Damit Ausfälle in der Überwachungslogik eindeutig erkannt werden können, ist es unumgänglich, daß entweder das Auswerten auf Bereichsüberschreitungen (z.B. Überstrom) oder der Aufbau der Überwachungslogik in fail-safe- Technik geschieht. Der Aufbau in fail-safe- Technik erfordert z.B. einen redundanten Logikaufbau sowie den Vergleich der Signale aus beiden Einheiten. Das Signalisieren des Fehlerzustands der Überwachungslogik sowie das Verbleiben der Überwachungseinrichtung in diesem Zustand im Fehlerfall, wird dabei vom Fehler selbst (d.h. bei Nichtübereinstimmen der miteinander verglichenen Signale) ausgelöst. Sind Fehler eindeutig der Überwachungseinrichtung zuzuordnen, so können diese Fehler toleriert werden. Damit wird sichergestellt, daß der Ausfall der Überwachungslogik bzw. -sensorik keine zusätzliche Anlagenstörung und damit Verringerung der Verfügbarkeit hervorruft.

Die Integration der vorgestellten signal- und strukturorientierten Überwachungsverfahren in ein steuerungsperipheres
Diagnosekonzept sowie die dafür erforderlichen Voraussetzungen werden in den nachfolgenden Abschnitten behandelt.

5 Steuerungsperipheres Diagnosesystem

Die in Bild 2-7 konzipierte Steuerungs- und Diagnosestruktur soll nun für die Konzeption des steuerungsperipheren Diagnosesystems verfeinert werden.

Eine Fertigungseinrichtung besteht aus mehreren Funktionseinheiten (FE) und eine FE wiederum aus mehreren Komponenten (z.B. Signalgebern, Stellgliedern und Aktoren). Deswegen ist es für eine wirksame Ausführung der Überwachungs- und Diagnoseaufgaben sinnvoll, das steuerungsperiphere Diagnosesystem entsprechend den FE zu strukturieren. Die logische Aufteilung der Fertigungseinrichtung in FE orientiert sich dabei an den real existierenden verschiedenen Einheiten, die zur Steuerung einer einzigen dazugehörigen physikalischen Größe (z.B. Druck, Geschwindigkeit) dienen. Typische Beispiele für FE sind Verfahrachsen, Hub-, Schwenk- oder Spanneinrichtungen. Das steuerungsperiphere Diagnosesystem wurde, wie in Bild 5-1 dargestellt, hierarchisch strukturiert. Da Überwachung und Diagnose auf den Informationen von überwachungsgerechten Komponenten basieren, werden diese nachfolgend als Bestandteil des steuerungsperipheren Diagnosesystems betrachtet. Das System kann logisch in die Ebenen
- überwachungsgerechte Komponenten, d.h. Komponenten mit integrierter Überwachungssensorik bzw. -logik,
- Überwachungsverfahren bezogen auf eine Einzelkomponente (Komponentenüberwachung),
- Überwachungsverfahren bezogen auf mehrere Komponenten (Gruppenüberwachung),
- Diagnose- und Reaktionsmaßnahmen mit Beeinflussung des der Steuerung bereitgestellten Zustandsabbildes sowie der Signalerzeugung für die Ansteuerung der Aktorik
gegliedert werden. Weiterhin ist der in Bild 2-7 dargestellte Datenfluß in einen
- Steuerdaten- sowie
- Überwachungs- und Diagnosedatenfluß

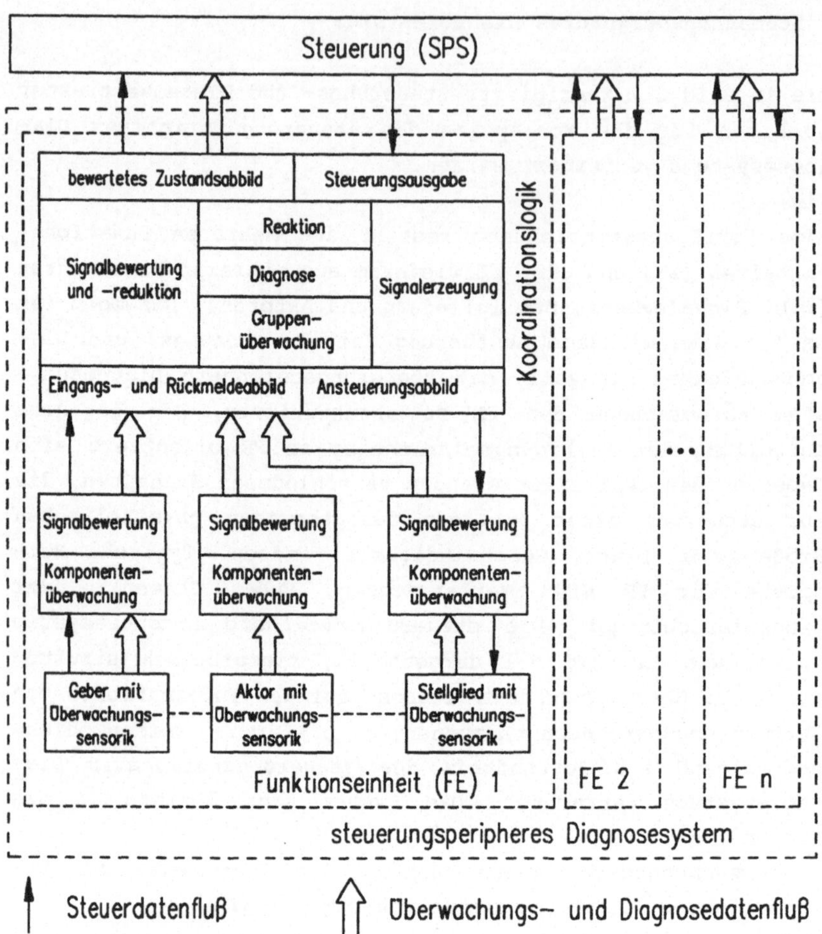

Bild 5-1: Hierarchische Struktur des steuerungsperipheren Diagnosesystems /46/

zu unterteilen (Bild 5-1). Die in den genannten Ebenen auszuführenden Aufgaben und das in diesem Kapitel erstellte Konzept für das steuerungsperiphere Diagnosesystem wird nachfolgend analysiert und im Hinblick auf die gestellten Anforderungen und Ziele bewertet.

5.1 Überwachungsgerechte Signalgeber, Stellglieder und Aktoren sowie überwachte, bewegte Maschinenelemente (Komponentenüberwachung)

Die Komponentenüberwachung und die zu erkennenden Fehler wurden in Kap. 4 erläutert. Die Ergebnisse sind in Bild 5-2 zusammengestellt sowie die zu lokalisierenden Objekte aufgezeigt.

Methode	Verfahren	Komponentenfehler				Lokalisierung
		Signalgeber	Stellglied	Aktor	bewegtes Maschinenelement	
signalbezogen	Testsignal	Bauteilausfall, Leitungsbruch				Komponente
			Ankerkleben, Kontaktverschweißen, Leitungsbruch			Komponente
	Rückmelden von Bewegung/ Stillstand			Ausfall		Komponente (durch Ausschluß von Störungen)
					Verklemmen/ Lösen	
	minimaler Reststrom bzw. dynam. Signalübertragung	Leitungsbruch				Verbindung
	minimaler Laststrom bzw. dynam. Signalübertragung		Leitungsbruch			Verbindung
	maximaler Laststrom		Kurzschluß			Verbindung
strukturbezogen	Signalkonformität der -Klemmkontakte		fehlerhafte Leistungszuführung			Komponente und Phase
				fehlerhafte Leistungszuführung		Komponente und Phase
	-Schaltkontakte		Kontaktabbrand, Kontaktverschweißen			Komponente und Phase

Bild 5-2: Zu erkennende Fehler durch die Komponentenüberwachung

Voraussetzung für die Komponentenüberwachung von binären Signalgebern, Stellgliedern, Aktoren und bewegten Maschinenelementen ist - wie bereits ausgeführt - :

- die Erweiterung der Komponentenhardware peripherer Komponenten um eine Überwachungssensorik bzw. Testlogik und
- die Kenntnis über den Komponentenaufbau (Strukturinformation).

Die Bedingungen sind in Bild 5-3 dargestellt.

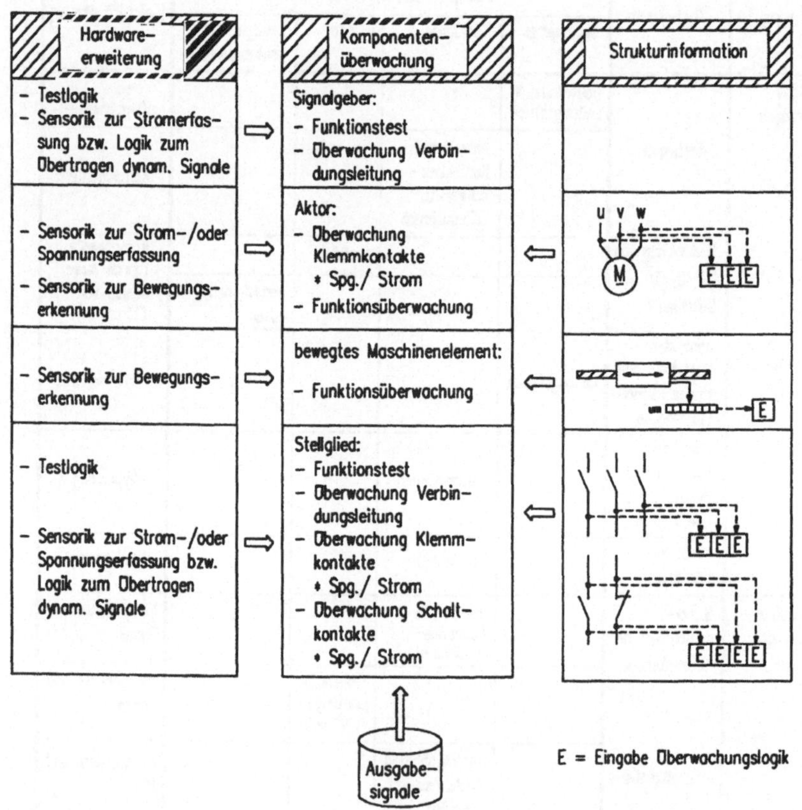

Bild 5-3: Voraussetzungen für die verschiedenen Komponentenüberwachungen

Auf die jeweiligen Hardwareerweiterungen der verschiedenen Komponenten wird in nachfolgendem Abschnitt 5.1.1 und auf die erforderlichen Strukturinformationen in Abschnitt 5.1.2 eingegangen.

5.1.1 Hardwareerweiterungen von peripheren Komponenten für die Überwachung

Der Funktionstest eines **binären Signalgebers** mit Testsignalen unabhängig vom jeweiligen Bedämpfungszustand des Oszillators erfordert einen durch äußere als auch durch elektrische Maßnahmen zu be- und entdämpfenden Oszillator. Dazugehörig wird eine Logik zum Einleiten des Testsignals sowie für das Auswerten der vom Sensorelement stammenden Rückmeldungen benötigt. Für das Überprüfen der Verbindungsleitung mittels Strommessung ist entweder ein zusätzlicher Widerstand oder bei Verwendung dynamischer Signale (z.B. frequenzanalog) eine entsprechende Logik (z.B. Spannungs-Frequenz- Wandler) zu integrieren.

Für das frühzeitige Erkennen von Fehlern, wie Anker- bzw. Kontaktkleben, fehlenden Phasen oder Kontaktabbrand, sind **Stellglieder** um eine Sensorik zur Überwachung der Klemmkontakte, der Schaltkontakte sowie um eine Testlogik zum Überprüfen der Funktionstüchtigkeit im nicht angesteuerten Zustand zu erweitern. Für den letztgenannten Fall ist ein herkömmliches elektromechanisches Relais mit Ruhe- und Arbeitsstellung um eine zusätzliche Stellung (Teststellung) zu ergänzen, welche beispielsweise zwischen der Ruhe- und Arbeitsstellung anzuordnen ist. Ein solches Relais kann mit Hilfe gepolter Magnete oder nach dem Prinzip elektromechanischer Nockenschaltwerke realisiert werden.

Für die Komponentenüberwachung müssen herkömmliche **Aktoren** für das direkte Erfassen von Bewegung/Stillstand um zusätzliche Bewegungsgeber (z.B. Tachogenerator, Hall- Sensoren) und für das Überwachen der Leistungsversorgung um eine Sensorik zur Spannungs-/oder Strommessung erweitert werden. Eine andere Möglichkeit besteht in dem indirekten Überwachen der Aktorfunktion über den Versorgungsstrom oder durch zusätzliches Überwachen der Zustände zwischen den Schaltpositionen. Ebenso können für das Überwachen der Aktorklemmkontakte bekannte Sicherheits- Überwachungsbaueinheiten wie Phasenwächter, Motorschutzschalter u.ä. verwendet werden. Da diese Überwachungseinrichtungen bislang jedoch noch nicht die erforderlichen Informationen bereitstellen, sind in diesem Fall diese Baueinheiten um eine entsprechende Logik zu ergänzen. Weiterhin muß für die Fehlerlokalisierung ein Ausfall in diesen Baueinheiten eindeutig erkennbar sein (s. hierzu auch Kap. 4.3).

Die Überwachung auf der Steuerungsausgangsseite umfaßt die bewegten Maschinenelemente mit. **Bewegte Maschinenelemente** können zum einen über die Bewegung bzw. Stillstand durch entsprechende Sensorik (z.B. Hall-Sensoren) und zum anderen mittels einer funktionsredundanten Geberanordnung bzw. eines funktionsredundanten Sensors überwacht werden. Wird bei der funktionsredundanten Geberanordnung die Lage erfaßt, z.B. zwischen den Schaltpositionen, so kann bei funktionsredundanter Sensoranordnung auch eine Bewegung bzw. ein Stillstand zwischen den Schaltpositionen ermittelt werden.

5.1.2 Strukturinformation für die Komponentenüberwachung

Für eine aussagefähige Überwachung der Einzelkomponenten reicht das Erweitern der Komponentenhardware nicht aus. Vielmehr wird für das Aus- und Bewerten der aus einem strukturbezogenen Überwachungsverfahren stammenden Signale von einer Komponente auch die Kenntnis über
- den Aufbau (z.B. Öffner/ Schließer),
- die Anzahl sowie Reihenfolge der Kontakte und der dazugehörigen Signale sowie gegebenenfalls auch

- die Zuordnung eines Meßaufnehmers zur Überwachung von Bewegung/ Stillstand eines bewegten Maschinenelements
benötigt. Diese Informationen sind in Bild 5-3 unter dem Begriff Strukturinformation zusammengefaßt worden. Da für die Signalgeberkomponentenüberwachung nur signalbezogene Überwachungsverfahren verwendet werden, ist keine Information über den Komponentenaufbau erforderlich.

5.1.3 Bereitgestellte Informationen aus der Komponentenüberwachung

Der Einsatz des steuerungsperipheren Diagnosesystems erfordert außer dem bislang zur Verfügung gestellten Geberstatussignal auch das Rückmelden von Überwachungs- und Diagnosedaten. Diese Signale sind nicht nur von Signalgebern, sondern auch von Stellgliedern und Aktoren bereitzustellen. Für eine zeitlich schnelle Signalverarbeitung und -auswertung in der nachfolgenden Gruppenüberwachung, Diagnose und Reaktion sind die Daten entsprechend ihrer späteren Verwendung aufzubereiten (Signalbewertung). Da für die unterschiedlichen Komponententypen (Geber, Stellglied, Aktor) eine speziell angepaßte Überwachung notwendig ist, muß aus Gründen der Austauschbarkeit von Komponenten sowie des einheitlichen Datenaustausches eine definierte Schnittstelle für die jeweiligen Komponenten zur Verfügung gestellt werden. Die **Komponentenrückmeldungen** setzen sich aus einer
- **Statusmeldung** und einer
- **Fehlermeldung**
zusammen. Die aus der betreffenden Komponentenüberwachung bereitgestellten Informationen sind in Bild 5-4 zusammengestellt.

Das Statussignal kennzeichnet den Zustand der betreffenden Komponente, d.h. ob sich beispielsweise die Stellgliedkontakte in der Ruhestellung (Statussignal = 0) oder in der Schaltstellung (Status = 1) befinden. Das Bewertungssignal

Rückmeldung	Komponente/Baueinheit			
	Signalgeber	Stellglied	Aktor	bewegtes Maschinenelement
Statusmeldung				
– Status	0 = entdämpft 1 = bedämpft	0 = unbetätigt/ gesperrt 1 = betätigt/ geschaltet	0 = Stillstand 1 = Bewegung	0 = Stillstand 1 = Bewegung
– Bewertung	0 = Störung 1 = keine Störung	0 = Störung 1 = keine Störung	0 = Störung 1 = keine Störung	
– Gültigkeit		0 = nicht gültig 1 = gültig	0 = nicht gültig 1 = gültig	0 = nicht gültig 1 = gültig

Fehlermeldung
(beispielhaft)
	– keine Funktion
	– Verbindungsfehler
	– Mindestschalt-
	abstand unter-
	schritten
		– keine Funktion
		– Verbindungsfehler
		– Klemmkontakt
		  * Phase
		– Schaltkontakt
		  * Phase
			– keine Funktion
			– Klemmkontakt
			  * Phase	

Bild 5-4: Rückmeldungen aus der Komponentenüberwachung /47/

gibt Aufschluß über erkannte Fehler durch die Komponentenüberwachung und damit über die Funktionstüchtigkeit der
Komponente, wobei die Fehlerursache in der Fehlermeldung
bereitgestellt wird. Sowohl bei der Komponentenüberwachung
als auch bei der Gruppenüberwachung der Signale von elektromechanischen Stellgliedern, Aktoren und bewegten Maschinenelementen sind Ein-/ Ausschaltverzögerungen im ms- Bereich zu berücksichtigen. Das zur Verfügung gestellte Gültigkeitssignal signalisiert eine mögliche Weiterverarbeitung, so daß Pseudofehler aufgrund von Verzögerungszeiten
vermieden werden. Wie in Bild 5-5 für ein elektromechanisches Stellglied aufgezeigt, wird bei einem Ansteuerungswechsel das Gültigkeitssignal von der Stellgliedlogik auf
nicht gültig gesetzt. Spätestens nach Ablauf der Verzögerungszeit, sowohl für das Ein- als auch für das Ausschalten,

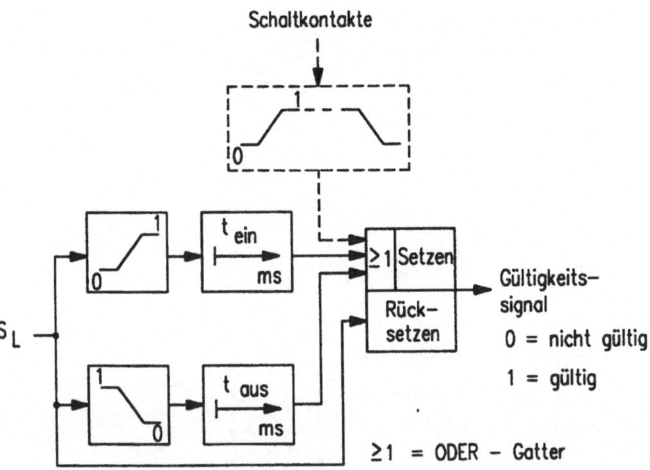

Bild 5-5: Blockschaltbild für die Bereitstellung des Stell-
gliedgültigkeitssignals

oder nach Über- bzw. Unterschreiten der Schwellenspannungs-
werte an den Schaltkontakten wird der Signalwechsel für das
Gültigkeitssignal eingeleitet und die Rückmeldungen wieder
für gültig erklärt. Das Gültigkeitssignal gibt keine Auskunft über das ordnungsgemäße Ausführen der beabsichtigten
Steuerungsfunktion.

Aufgrund vorhandener Trägheiten ist beim Aktor das Rückmelden eines Gültigkeitssignals erforderlich. Wenn ein Aktor
ohne Komponentenansteuerung arbeitet (d.h. es existiert
keine direkte Kopplung Steuerung - Aktor), wird das Gültigkeitssignal aus der Aktorleistungsversorgung gewonnen (Bild
5-6).

Bei Über- bzw. Unterschreiten des Ansprechwertes zur Auswertung der anliegenden Leistungsversorgung wird automatisch

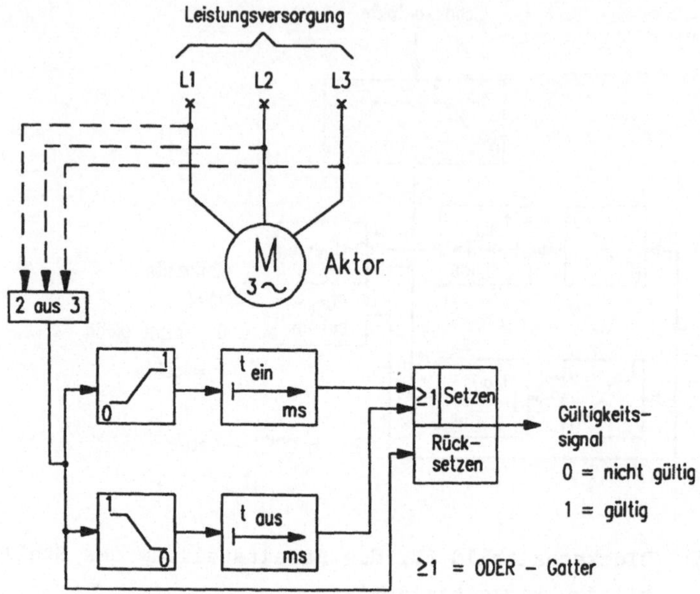

Bild 5-6:   Blockschaltbild zur Gewinnung des Aktorgültig-
keitssignals am Beispiel eines Mehrphasensystems

ein Signalwechsel eingeleitet und die Aktorsignale für nicht
gültig erklärt. Der Wechsel des Gültigkeitssignals basiert
dabei in Mehrphasensystemen auf einer Mehrheitsentscheidung.
Nach Ablauf der Verzögerungszeit werden die Signale wieder
als gültig gesetzt.

Das bewegte Maschinenelement wird nicht direkt elektrisch
angesteuert und zudem die Bewegung über universell einsetz-
bare Geber bzw. Sensoren erfaßt. Deshalb muß das zum Maschinenelement zugehörende Gültigkeitssignal in der betreffenden Logik, in der die Auswertung der Maschinenelement-
Rückmeldung geschieht, bereitgestellt werden.

5.2 Gruppenüberwachung von Signalgebern und der Aktorik

Das gleichzeitige Überwachen von mehreren zusammengehörenden Komponenten einer Funktionseinheit, wie von Signalgebern sowie der in der Ausgangswirkkette beteiligten Komponenten Stellglied, Aktor und bewegtes Maschinenelement, ist nur durch strukturbezogene Verfahren möglich. Die damit zu erkennenden Fehler sind in Bild 5-7 zusammengestellt.

Methode	Verfahren	Komponentenfehler				Lokalisierung
		Signalgeber	Stellglied	Aktor	bewegtes Maschinen-element	
strukturbezogen	widersprüchliche Signale	Ausfall bzw. Störung der Steuerbarkeit durch äußere Einflüsse				mit zusätzlichen Verfahren
	Konformität		Ausfall bzw. Störung	Ausfall bzw. Störung	Ausfall bzw. Störung	durch Ausschluß von Störungen (Komponente, Überwachungs-einrichtung, Verbindung)

Bild 5-7: Erkennbare Fehler durch Gruppenüberwachung in der Steuerungsperipherie

Notwendig für die Gruppenüberwachung ist die Kenntnis über
- die Anordnung, d.h. die Reihenfolge der zu überwachenden Signalgeber (z.B. direkter Gebernachbar oder 'Lücke') und deren Aufbau (z.B. Öffner- oder Schließerfunktion) bzw.
- die Verschaltungen der zu überwachenden Komponenten in der Aktorik (z.B. Sequenz SPS - Stellglied oder SPS - Aktor).

Bei der Gruppenüberwachung von Signalgebern auf widersprüchliche Signale ist zu beachten, daß bereits in der Komponentenüberwachung erkannte Geberausfälle nicht noch einmal in der Gruppenüberwachung aufs Neue erfaßt werden; sie sind bei der Auswertung entsprechend zu berücksichtigen.

Das konsequente Rückführen der Informationen von Stellgliedern, Aktoren und bewegten Maschinenelementen gestattet durch Ausschluß von Störungen, Fehler sowohl im elektrischen als auch im nicht elektrischen Teil (z.B. in Hydraulik- und Pneumatikkreisen) zu erkennen. Voraussetzung für ein sinnvolles Auswerten der überwachten Aktorfunktion sowie der Maschinenelementbewegung ist
- eine konstante Versorgungsspannung und
- eine möglichst gleichbleibende Belastung.
Ansonsten sind die Überwachungstotzeiten bzw. die Grenzen für ein Über- oder Unterschreiten von beispielsweise überwachten Drehzahlen oder Strömen derart groß zu wählen, daß die jeweiligen Rückmeldungen zu keiner aussagefähigen Überwachung führen. Die Gruppenüberwachung der Statussignale von verschiedenen Komponenten in der Ausgangswirkkette auf Konformität (s. Kap. 4.2.2) kann erst bei gültigen Rückmeldungen geschehen. Dies bedeutet, daß die gleichzeitige Konformitätsüberwachung aller im Ausgangskreis angeordneten Einheiten bei Kennzeichnung einer gültigen Maschinenelement-Rückmeldung möglich ist. Da jedoch für jede Baueinheit ein eigenes Gültigkeitssignal zurückgeführt wird, kann bereits zu Zeiten, in denen noch nicht alle Einheiten auf den eingeleiteten Ansteuerungswechsel reagiert haben, eine Konformitätsüberwachung der Komponenten mit kürzeren Reaktionszeiten geschehen (Teilüberwachung der Aktorik). Das Bereitstellen eines Gültigkeitssignals aus der Komponentenüberwachung (Ausnahme bei Maschinenelementen) erübrigt das zentrale Verwalten der verschiedenen Verzögerungs- und Schaltzeiten für die betreffenden Komponenten. Dieses Verfahren vermeidet somit neben einem hardwaremäßigen Aufwand auch einen hohen Verwaltungsaufwand in der jeweiligen Überwa-

chungs- und Auswertelogik. Wird alternativ nur eine Überwa-
chungstotzeit verwendet, die sich aus der Summe der Verzögerungszeiten (t_{VG}) aller in der Wirkkette beteiligter
Elemente (d.h. t_{VSG} + t_{VAkt} +t_{VME}) ergibt, so sollte nach
Ablauf dieser Zeit auch die Rückmeldung des in der Wirkkette
letzten Elements (in der Regel das bewegte Maschinenelement)
eine ordnungsgemäße Funktion aufzeigen. Dieses Verfahren hat
jedoch den Nachteil, daß Fehler, z.B. Verbindungsfehler,
erst zu einem späteren Zeitpunkt erkannt werden.

5.3 Diagnose, Fehlerlokalisierung und Bereitstellen von Feh-
lermeldungen

Die Diagnose besteht aus den Teilaufgaben der Fehlerlokalisierung und -anzeige. Das Erfassen des genauen Fehlerortes
sowie der -ursache (Lokalisierung) erfordert das weitergehende Überprüfen und Auswerten der aus der Überwachung gewonnenen Signale. Die Fehlerlokalisierung stellt somit eine
erweiterte Überwachung dar und wurde bereits bei den in Kap.
4 vorgestellten signal- und strukturbezogenen Überwachungsverfahren mit behandelt. Eine separate Erläuterung der Fehlerlokalisierung kann damit entfallen.

Eine weitere wichtige Aufgabe des Diagnosesystems besteht in
der Unterstützung des Wartungspersonals bei der Fehlersuche.
Damit lange Fehlersuchzeiten vermieden werden, ist es notwendig, daß für alle erkannten Fehler und Störungen der genaue Fehlerort und die -ursache zur Anzeige gebracht werden.
Es ist hilfreich, wenn statt einer codierten Fehlermeldung
bzw. -nummer in Ergänzung hierzu eine Klartextmeldung bzw.
sogar eine einfache grafische Darstellung der Anlage mit
Markierung des betreffenden defekten Fehlerortes und/oder
Komponente geschieht. Aus diesem Grund beinhaltet jede an-
gezeigte Fehlermeldung
- die gestörte Funktionseinheit (Nummer),
- den in Dokumentationen verwendeten symbolischen Funktions-

einheitennamen (Bezeichner),
- die gestörte Komponente (Adresse),
- den symbolischen Komponentennamen (Bezeichner),
- die eingeleiteten Reaktionsmaßnahmen (Stopp, Tolerierung,
  keine Reaktion),
- die Fehlerursache (-nummer),
- die dazugehörige Klartextmeldung und
- die Anzahl der erkannten und registrierten Fehler.

Für das Zuweisen der textuellen Bezeichnungen bzw. der symbolischen Namen zu den aus dem Diagnosesystem stammenden
Adressen, codierten Fehlernummern und eingeleiteten Reaktionsmaßnahmen sind zusätzliche Informationen aus einer Sym-
boldatei sowie Zuordnungsliste erforderlich (Bild 5-8).
Darüber hinaus trägt das Anzeigen von Informationen über die
verwendeten Komponenten (Typ, elektr. und mechan. Kennwerte
usw.) mit zur schnelleren Bestimmung einer Ersatzkomponente
im Fehlerfall bei. Diese Informationen sind im Bild 5-8 unter dem Begriff Komponentenbeschreibung zusammengefaßt. Da
das Suchen und Zuweisen der Klartextmeldungen zu den aus dem
Diagnosesystem stammenden codierten Meldungen sehr zeitauf-
wendig ist, sollten zur zeitlichen Entlastung des Diagnosesystems diese Aufgaben in das Anzeigesystem verlagert werden.

Das Zuordnen der aus der Überwachung ermittelten Fehlerursache sowie der bereitgestellten Reaktion zu der betreffenden Klartextmeldung ist bei der Projektierung des Systems
für die zu erkennenden Fehler bzw. Reaktionsmaßnahmen ein-
malig zu erstellen. In der Regel geschieht dies auf einem
CAD/CAE- System, so daß diese Daten durch eine Kopplung zum
Anzeigesystem direkt übergeben bzw. abgerufen werden können.

Bei einer zyklisch durchgeführten Überwachung ist weiterhin
zu berücksichtigen, daß über einen längeren Zeitraum anste-
hende, aber bereits erkannte Fehler mehrmals gemeldet werden. Aus diesem Grund sind die Fehlermeldungen zunächst dar-

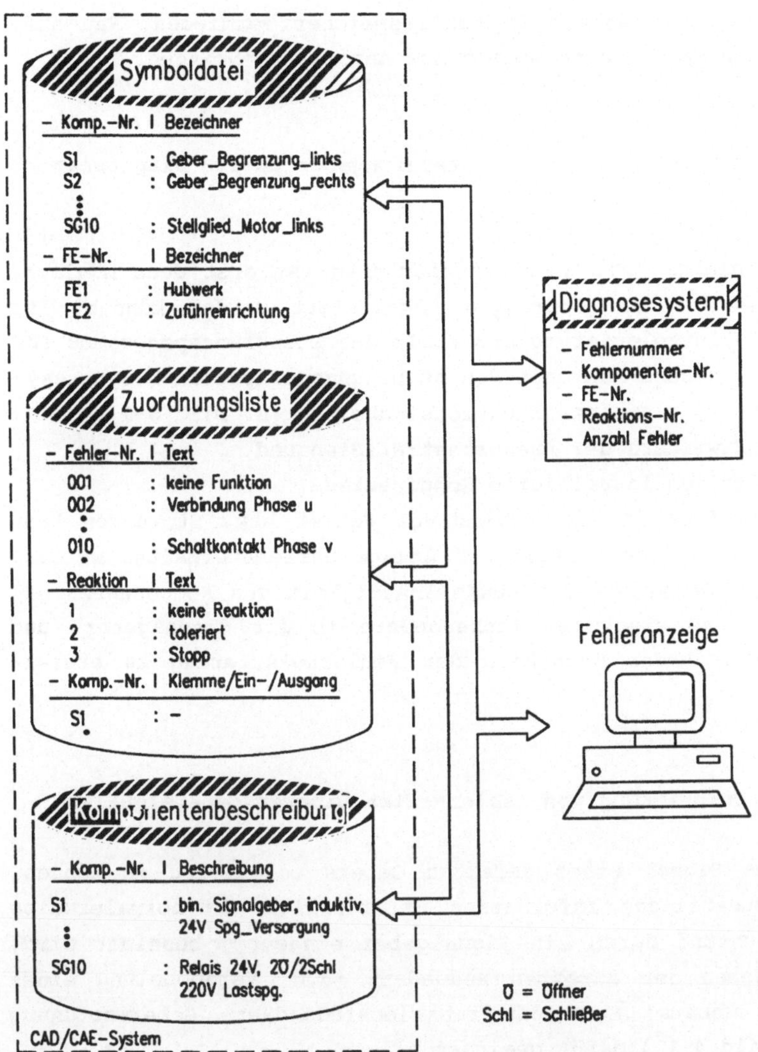

Bild 5-8: Informationen für die Fehleranzeige

aufhin zu überprüfen, ob sie bereits bekannt sind, oder zum ersten Male gemeldet werden. Bereits bekannte Fehler können ignoriert, neue Fehler dagegen müssen in einen Fehlerspeicher eingetragen werden. Damit wird das mehrmalige Ablegen

des gleichen Fehlers im Fehlerspeicher vermieden. Neu auftretende Fehler sind sofort zur Anzeige zu bringen.

5.4 Reaktionsmaßnahmen im steuerungsperipheren Diagnosesystem

Das Einleiten von Reaktionsmaßnahmen ist erst dann möglich,
wenn Fehler und Störungen lokalisiert werden können. Für
eine Fehlertolerierung außerhalb des Steuerungsprogramms ist
- das logische Zuordnen des steuerungsperipheren Diagnosesystems zu einzelnen Funktionseinheiten (s. Bild 5-1),
- das Erweitern der Auswertestrategien und
- zusätzlich installierte Komponenten
erforderlich. Trotz vorhandener Fehler bzw. Störungen kann
somit die Steuerbarkeit der Anlage aufrechterhalten werden.
Auf der Grundlage der Ausfallhäufigkeit von Komponenten erscheint es sinnvoll, insbesondere in der Signalgeber- und
Stellgliedebene Maßnahmen der Fehlertolerierung zu ergrei-
fen.

5.4.1 Tolerierung von fehlerhaften binären Gebersignalen

Um das Signal eines defekten Gebers tolerieren zu können,
ist zusätzliche Information erforderlich. Da normalerweise
ein Zustand durch ein Signalgeber eindeutig bestimmt wird,
ist neben der direkten Redundanz (d.h. Verdoppelung eines
jeden Gebers) auch die funktionsredundante Geberanordnung
(s. Bild 4-11) dafür geeignet.

Die auf die Einzelkomponente bezogene Komponentenüberwachung
bestimmt den defekten Geber eindeutig. Für das Tolerieren
eines fehlerhaften Gebersignals wird die benötigte Information, wie in Bild 5-9 dargestellt, aus der Kombination anderer Signalgeber ermittelt. Bei der Fehlertolerierung ist
der Aufbau (Schließer-/ Öffnerfunktion) der Komponenten zu

funktionsredundante Geberanordnung:

S1   S2   S3   S4   S5

eingelesenes Geberabbild

	S1	S2	S3	S4	S5
Statussignale:	1	1	0	0	0
Signalbewertung:	1	0	1	1	1

fehlerfreie Signalkombinationen:

S1,S2,S3,S4,S5

$(1,0,0,0,0) <-> (0,1,0,0,0) <-> (0,0,1,0,0) <-> (0,0,0,1,0) <-> (0,0,0,0,1)$

Prinzip:

$Si = \bar{S}j \ \& \ \bar{S}k \ \& \ \bar{S}l \ \& \ \bar{S}m$

mit $i \neq j \neq k \neq l \neq m$

und $i,j,k,l,m \in 1,2,3,4,5$

Auswertung:

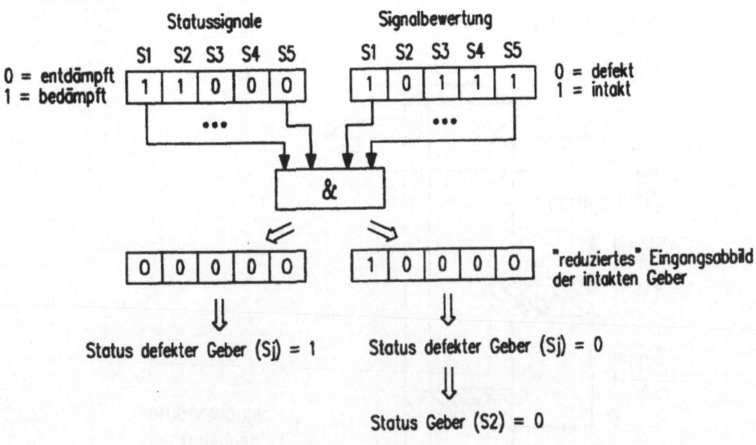

Bild 5-9: Fehlertolerierung von Gebersignalen

berücksichtigen. Im gezeigten Beispiel werden Signalgeber mit 'Schließerfunktion' vorausgesetzt. Durch eine Boolesche UND- Verknüpfung des jeweiligen Geberstatussignals mit dem

dazugehörigen Bewertungssignal (s. hierzu Bild 5-4) für alle
Signalgeber, wird das fehlerhafte Gebersignal für die Auswertung ausgeblendet und damit ein "reduziertes" Eingangs-
abbild erstellt. Weist das so gebildete "reduzierte" Ein-
gangsabbild für keinen Signalgeber ein logisch '1'- Signal
auf, so muß aufgrund der Tatsache, daß bei einer funktionsredundanten Anordnung mindestens ein Geber logisch '1'- Signal führt, der defekte Geber den Signalstatus =1 besitzen.
Anderenfalls wird wie im Bild dargestellt, der Status des
defekten Signalgebers zu einem logisch '0'- Signal toleriert. Bei dieser Art der Fehlertolerierung ist die ver-
wirklichte Komponentenanordnung zu beachten. Überschneiden
sich die Signalbereiche der benachbarten Signalgeber (Bild
5-10), so wird das Signal des defekten Gebers in Abhängigkeit der Verfahrrichtung für den Augenblick der Signalüberschneidung "falsch" bestimmt.

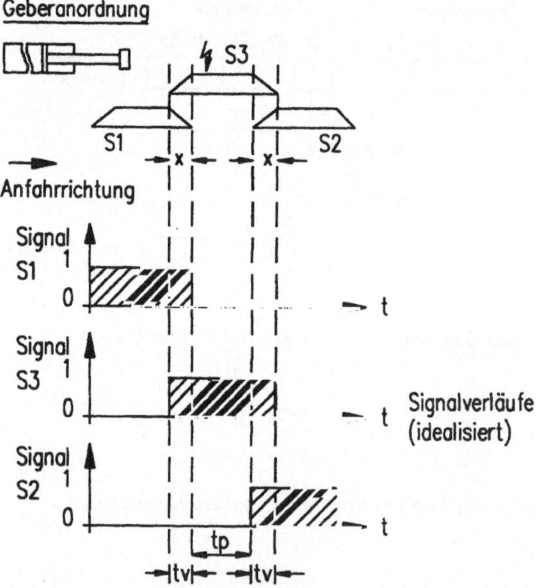

Bild 5-10: Fehlertolerierung bei sich überschneidenden Si-
gnalgeberbereichen

Wie dem Bild zu entnehmen ist, wird bei Anfahren des defekten Gebers (S3) das zu tolerierende Signal gegenüber dem fehlerfreien Fall um den Zeitbereich

$$t_V = \frac{x \text{ (Überlappungsbereich)}}{v \text{ (Verfahrgeschwindigkeit)}}$$

zu spät bestimmt, oder aber das Verlassen des Gebers um diesen Zeitbereich zu früh gemeldet. Da jedoch Schaltzustände in der Regel eindeutig durch einen Signalgeber bestimmt werden, kann dieses Verfahren uneingeschränkt für die Tolerierung von fehlerhaften Gebersignalen verwendet werden, wenn die Schaltposition des defekten Gebers für die erforderlichen Verfahrgeschwindigkeiten sicher erkannt wird. Da eine Abfrage der Gebersignale in diskreten Zeitpunkten geschieht, muß somit für die Zeitdauer t_P des abzutastenden Signals gelten:

$$t_P \geq 2 \, t_{Abtast}.$$

Bei der Gebermontage ist deshalb darauf zu achten, daß eine Signalüberschneidung benachbarter Geber vermieden wird.

Mit der erläuterten funktionsredundanten Geberanordnung kann in einer Funktionseinheit nur ein defektes Gebersignal toleriert werden. Wird statt einem funktionsredundanten Geber ein funktionsredundanter Sensor verwendet, was einer direkten Redundanz entspricht, so sind bei funktionstüchtigem, funktionsredundantem Sensor auch mehrere fehlerhafte Gebersignale in einer Funktionseinheit tolerierbar. Infolge der einmaligen Zuordnung der binären Gebersignale mit den Sensorsignalen in einem Lernlauf werden widersprüchliche Kombinationen sofort erkannt und bei intakter Funktion des Sensors läßt sich das defekte binäre Gebersignal aus dem Sensorsignal gewinnen und damit tolerieren. Diese Lösung ist jedoch nur bei Einsatz eines 'low-cost'-Sensors vom Aufwand her zu empfehlen. Es wird noch eine Lösung, bestehend aus einer Kombination aus direkter Redundanz und funktionsredundanter Geberanordnung, vorgestellt. Mit dieser Anordnung sind ebenfalls mehrere fehlerhafte Gebersignale tolerierbar. Voraussetzung ist jedoch, daß nur ein Signal aus der Signalkombination der an der Funktionseinheit beteiligten Geber und die übrigen fehlerhaften Signale aus direkter Redundanz ermittelt werden. Die Voraussetzungen für das Tolerieren von fehlerhaften Gebersignalen sowie eine Abschätzung des betreffenden Aufwands für die drei verschiedenen Möglichkeiten der Fehlertolerierung sind in Bild 5-11 aufgezeigt.

Ebene	Tolerierung von	Voraussetzung	Prinzip	Bewertung
Signalgeber	Einfachfehler	direkte Redundanz und Signalgeber mSÜ	$Si \parallel Sj$ (*)	großer Aufwand
		funktionsredundante Anordnung und Signalgeber mSÜ	$Si = \overline{Sj} \, \& \, \overline{Sk}$ (**)	großer Aufwand bei vielen Schaltpositionen
	Mehrfachfehler	funktionsredundanter Sensor mSÜ und Signalgeber	Sensorsignal $\Rightarrow Si$	mittlerer bis großer Aufwand
		funktionsredundanter Sensor und Signalgeber mSÜ		
		funktionsredundanter Sensor und Signalgeber mSÜ und direkte Redundanz	Kombination von (*) und (**)	großer Aufwand

Erklärung: mSÜ = mit Selbstüberwachung

Bild 5-11: Möglichkeiten der Fehlertolerierung von Gebersignalen

5.4.2 Tolerierung von Stellgliedfehlern

Im Gegensatz zur Tolerierung von Gebersignalen mittels einer funktionsredundanten Geberanordnung ist bei Stellgliedern nur eine direkte Redundanz anwendbar, da stets eine eindeutige Zuordnung SPS-Ausgabe - Stellglied - Aktor erforderlich ist. Die Auswertung der Daten aus der Analyse steuerungsexterner Fehler hat ergeben, daß vor allem Stellglieder und nicht so häufig Aktoren wie Motoren, Zylinder usw. ausfallen. Aus diesem Grund beschränkt sich das Tolerieren von Fehlern auf der Ausgangsseite auf die Stellgliedebene. Um zu vermeiden, daß das redundante Stellglied selbst bei nicht geforderter Funktionsübernahme die Lastspannung durchschaltet und damit vorzeitig ausfällt, wird für die Stellgliedtolerierung eine nicht funktionsbeteiligte Redundanz gewählt (Bild 5-12).

Das Erkennen eines Fehlers bzw. einer Störung in einem Stellglied geschieht durch die in Kap. 4 erarbeiteten Überwachungsverfahren. Die Ansteuerung des jeweiligen Stellgliedes erfolgt aufgrund der Bewertung der zurückgemeldeten Stellgliedsignale. Ein Stellgliedfehler bewirkt das Abschalten des betroffenen und das Umschalten auf die intakte Komponente. Damit ist zu jedem Zeitpunkt nur ein Stellglied aktiv. Auf die Signalerzeugung wird in Abschnitt 5.5 noch detailliert eingegangen.

Inwieweit eine Übernahme der Stellgliedfunktion durch eine redundante Komponente möglich ist, hängt außer von den erforderlichen Sicherheitsanforderungen auch von dem Aufbau der in Bild 5-12 nur als Blöcke dargestellten Stellglieder ab. Sind die Schaltkontakte nach der in Bild 5-13a aufgezeigten Struktur ausgeführt, so können in diesem Fall lediglich Fehler toleriert werden, die kein Verschweißen der Schaltkontakte in der Schaltstellung bewirken, da die gezeigte Anordnung der Schaltkontakte kein fehlersicheres System darstellt. Bei einem Verschweißen der Stellgliedkon-

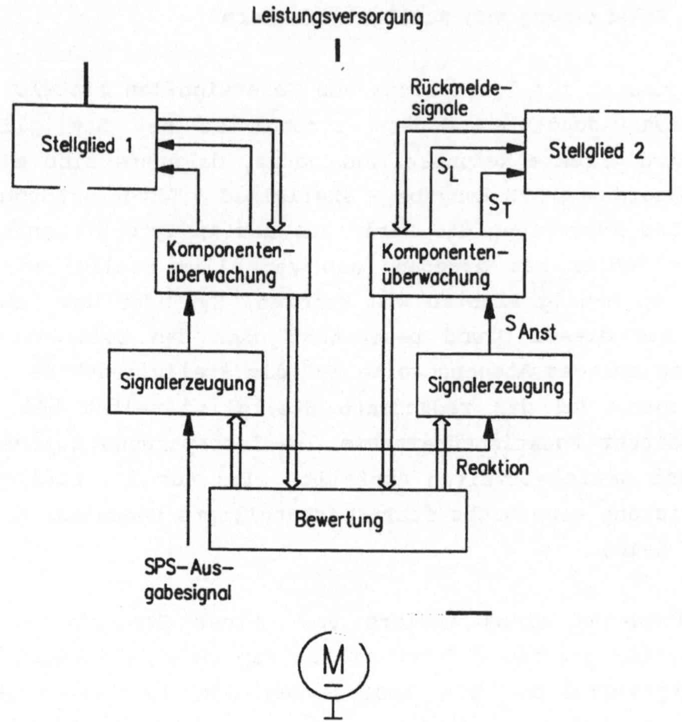

Bild 5-12: Nicht funktionsbeteiligte Redundanz für die Fehlertolerierung an Stellgliedern

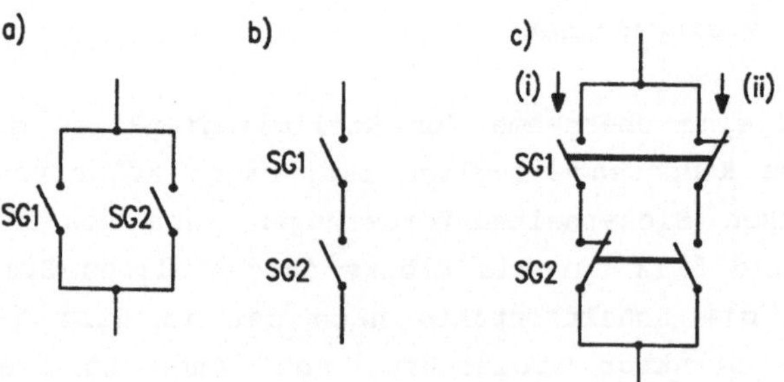

Bild 5-13: Schaltkontaktstruktur zur Erhöhung der Verfügbarkeit (a) bzw. der Sicherheit (b) und der Synthese aus beidem (c)

takte in Arbeitsstellung ist bei nicht funktionsbeteiligter Redundanz ein Überführen der Anlage in eine sichere Ruhelage nicht möglich. Ein Abschalten bei vorhandenem Einzelfehler gewährleistet erst die in Bild 5-13b gezeigte Anordnung der Kontakte. Die in Bild 5-13c dargestellte Schaltkontaktanordnung gestattet bei Vorliegen eines Einzelfehlers sowohl das Aufrechterhalten der Funktionsausführung als auch ein sicheres Abschalten der nachfolgenden Komponenten. Bei dem dargestellten Aufbau kann bei Ausfall von Stellglied 1 und dem Verweilen in der Ruhestellung die Aktoransteuerung über den eingezeichneten Stromkreis (ii) erfolgen. Ein Verkleben bzw. Verschweißen der Kontakte von Stellglied 1 in der Schaltstellung bewirkt das ständige Unterbrechen der Verbindung zum Aktor über den Kreis (ii). Dagegen kann das An- bzw. Abschalten der Leistungsversorgung an den Aktor über den Kreis (i) aufrechterhalten werden. Es gilt jedoch zu berücksichtigen, daß aufgrund des Öffnerkontaktes von Stellglied 2 das Ansteuerungssignal in bezug zum Steuerungsausgabesignal zu invertieren ist.

Im bisherigen Verlauf dieses Abschnitts wurde stets die vollständige Funktion durch die redundante Komponente übernommen. Es ist auch denkbar, daß nur Teilfunktionen von dieser ausgeführt werden. Ein solches Verhalten wird nachfolgend als **Stellelement-Mischbetrieb** bezeichnet. Die Möglichkeit eines Stellelement-Mischbetriebs beschränkt sich jedoch auf Stellglieder ohne mechanische Zwangsführung der Kontakte. Nachfolgend ist das in Bild 5-14 dargestellte Verfahren der Fehlertolerierung des Stellelement-Mischbetriebs prinzipiell erläutert. Bei einem Stellelement-Mischbetrieb erfolgt das Durchschalten der Phasen durch verschiedene Stellzweige. So ist bei Ausfall der Phase u im Zweig 1 und nach Umschalten auf die redundante Komponente (Zweig 2) eine Fehlertolerierung nach dem in Bild 5-12 erläuterten Prinzip denkbar. Fällt anschließend zusätzlich noch die Phase w in Zweig 2 aus, so wird die Stellgliedfunktion durch den Stellelement-Mischbetrieb weiter aufrechterhalten. Das Stel-

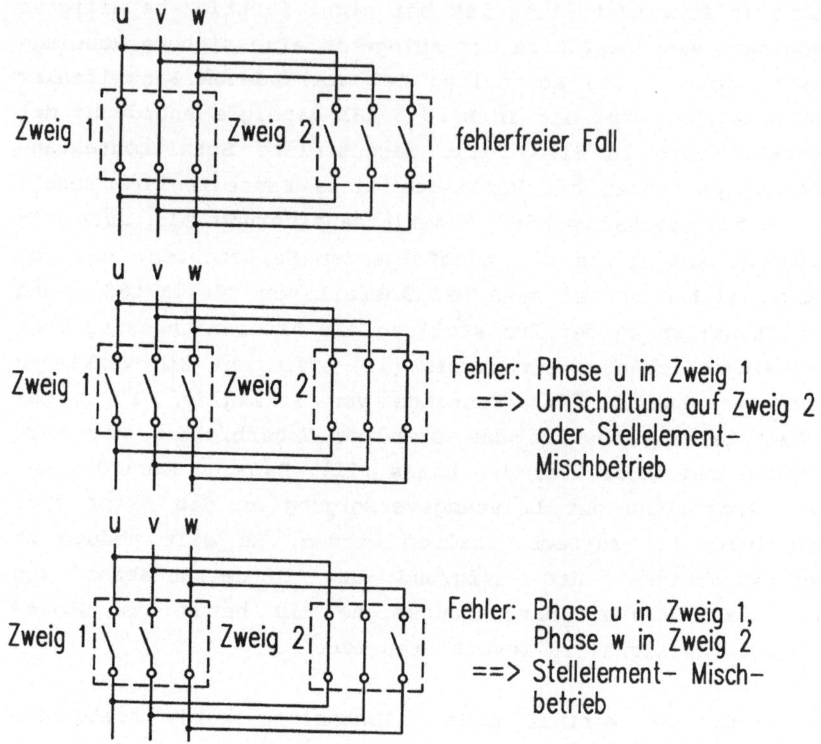

Bild 5-14: Möglichkeiten der Fehlertolerierung bei nicht zwangsgeführten Schaltkontakten

len der Phase w in Zweig 1 und der Phasen u und v in Zweig 2 erlaubt somit durch Kombination von einzelnen Phasen aus verschiedenen Stellzweigen das Tolerieren von Störungen in beiden Zweigen.

Die Voraussetzungen sowie eine Bewertung der Möglichkeiten zur Fehlertolerierung an Stellgliedern ist in Bild 5-15 dargestellt.

Ebene	Tolerierung von	Voraussetzung	Prinzip	Bewertung
Stellglied	Einfach-fehler (Einphasen-system)	direkte Redun-danz und Stell-glied mSÜ	Stellglied i ‖ Stellglied j	mittlerer bis großer Auf-wand
	Mehrfach-fehler (Mehrpha-sensystem)	nicht zwangsge-führte Schaltkon-takte; Stellglied mSÜ und direkte Redundanz	Stellelement-Mischbetrieb (*)	großer Auf-wand

(*) gut geeignet bei elektronischen Stellgliedern

Erklärung: mSÜ = mit Selbstüberwachung

Bild 5-15: Möglichkeiten der Fehlertolerierung an Stellgliedern

5.4.3 Beenden bzw. Blockieren von Steuerungsfunktionen

Erkannte Fehler bzw. Störungen auf der Ausgangsseite bewirken eine Beeinflussung der Steuerungsausgaben durch das
steuerungsperiphere Diagnosesystem. Wenn keine Fehlertolerierung durchzuführen ist (z.B. Verbindungsfehler zwischen
Stellglied - Aktor), so verbleibt als einzige Reaktionsmaß-
nahme das Beenden einer eingeleiteten bzw. das Blockieren
einer von der Steuerung (SPS) beabsichtigten auszuführenden
Funktion. Damit wird verhindert, daß Fehler - aufgrund einer
erst zu einem späteren Zeitpunkt stattfindenden Signalverarbeitung im Steuerungsprogramm und der deshalb ausbleiben-
den Reaktion von Seiten der Steuerung - zu Folgefehlern bzw.
-schäden führen (z.B. Anlaufen eines Drehstrommotors auf
zwei Phasen).

Demgegenüber wird für Signalgeber nur eine Fehlermeldung
erzeugt, da wie bei einer in Bild 5-16 beispielhaft dargestellten Anordnung durch gezielte Funktionseinschränkung
verschiedene Teilfunktionen weiterhin ausführbar sind. So
ist beispielsweise bei Ausfall des Gebers S3 im Zustand 1
nach wie vor das Verfahren zwischen den Zuständen 1 und 6
möglich.

Das Ausführen von Teilfunktionen oder das Umkehren der
Verfahrbewegung (s. Bild 5-16) in den Fällen, in denen in
der Regel ein Abbruch der Bewegung erfolgt, ist jedoch nicht
durch die alleinige Kenntnis der Komponentenanordnung sowie
erweiterter Signalauswertestrategien möglich. Vielmehr werden zusätzliche Informationen aus dem Steuerungsprogramm
benötigt, so daß entsprechende Ausweichstrategien (wie beispielsweise in /48/ die Suspendierung oder Optimierung von
Funktionen) eingeleitet werden können.

5.5 Signalerzeugung und Signalausgabe zur Ansteuerung der Aktorik

Die unabhängig vom Steuerungsprogramm einzuleitenden Reaktionsmaßnahmen, d.h. die Beeinflussung der Ansteuerungssi-
gnale für die Aktorik, basieren außer auf den Ergebnissen
aus Überwachung und Diagnose auch auf der betreffenden Komponentenanordnung (z.B. vorhandene Redundanz). Dabei wird
für jede anzusteuernde Komponente ein **Ansteuerungs- Semaphor**
bereitgestellt. Das Semaphor wird entsprechend der ur-
sprünglichen Bedeutung als Zeichenträger verwendet und besitzt den Wert

0, wenn keine Funktionsausführung, und
1, wenn die uneingeschränkte Funktionsausführung

möglich ist.

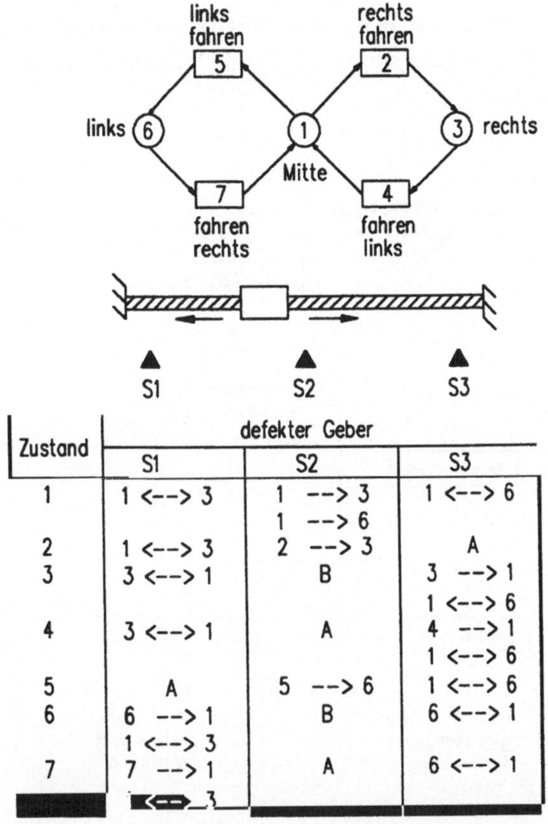

Zustand	defekter Geber		
	S1	S2	S3
1	1 <--> 3	1 --> 3 1 --> 6	1 <--> 6
2	1 <--> 3	2 --> 3	A
3	3 <--> 1	B	3 --> 1 1 <--> 6
4	3 <--> 1	A	4 --> 1 1 <--> 6
5	A	5 --> 6	1 <--> 6
6	6 --> 1 1 <--> 3	B	6 <--> 1
7	7 --> 1	A	6 <--> 1

Erklärung:
<--> Verfahrbewegung zwischen zwei Zuständen uneingeschränkt möglich
--> Verfahrbewegung nur von einem Zustand in anderen Zustand ausführbar
A   Abbruch der Verfahrbewegung
B   Blockieren der Verfahrbewegung

Bild 5-16: Mögliche Reaktionsmaßnahmen bei Berücksichtigung der Anordnung und von Informationen aus dem Steuerungsprogramm

Das Ansteuerungs- Semaphor gibt Auskunft über die Ansteuerbarkeit der Aktorik und ist nicht zu verwechseln mit der Funktionstüchtigkeit des betreffenden Stellglieds. Um bei nicht funktionsbeteiligter Redundanz das gleichzeitige An-

steuern von zwei direkt redundanten, intakten Stellelementen
zu vermeiden, wird das Semaphor der redundanten Einheit zu 0
gesetzt (Bild 5-17).

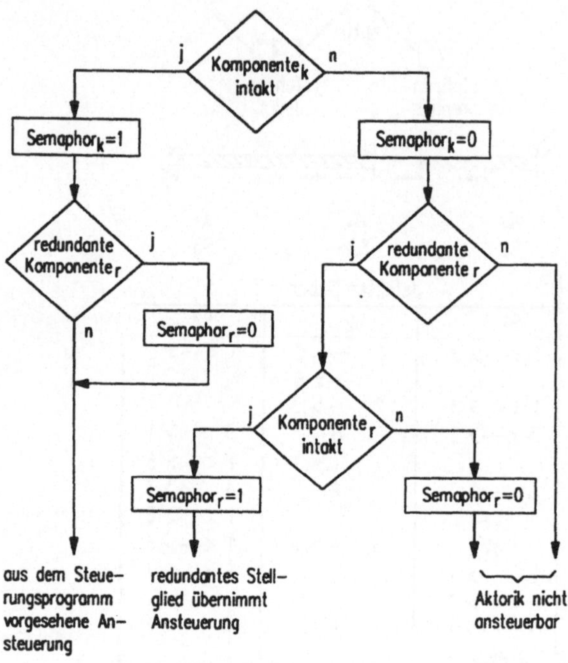

Bild 5-17: Bildung des Ansteuerungs- Semaphors bei nicht
funktionsbeteiligter Redundanz

Das Ausführen der gewünschten Steuerungsanweisung geschieht
stets nur durch eine Komponente, während die redundante Baueinheit als Reserve zur Verfügung steht. Wird eine Stell-
gliedkomponente als defekt ermittelt, so wird das zugehörige
Ansteuerungs- Semaphor auf den Wert Null gesetzt und auf
eine redundant vorhandene Komponente geprüft, welche bei
ordnungsgemäßer Funktionstüchtigkeit die Aktoransteuerung
übernehmen kann. Das Semaphor der redundanten Komponente
wird in diesem Fall gesetzt (=1) und die defekte Baueinheit

nicht weiter angesteuert. Ist dagegen eine dem Stellelement nachfolgende Einheit defekt, oder liegen Störungen des Stellglieds z.B. durch fehlerhafte Verkabelung vor, so ist keine Ansteuerung der Aktorik möglich und die Ansteuerungs-Semaphore der betreffenden Stellglieder werden zu Null gesetzt. Dies bewirkt, daß eine bereits erfolgte Komponentenansteuerung beendet bzw. eine Ansteuerung verhindert wird. Eine Anordnung nach Bild 5-13b erfordert dagegen das gleichzeitige Ansteuern beider Stellglieder.

Das für die jeweilige Komponente zugehörige **Ansteuersignal** (S_{Anst}) ergibt sich durch die Boolesche UND- Verknüpfung (&) des Ansteuerungs- Semaphors mit dem aus der Steuerung stammenden Ausgabesignal. Es gilt somit:

Ansteuersignal = Ansteuerungs- Semaphor & Ausgabesignal

Bei der zyklischen Signalausgabe werden die Stellglieder entsprechend ihrem zugehörigen Semaphor angesteuert. Das Ansteuerungs- Semaphor dient ebenfalls zur Ermittlung der funktionsausführenden Komponente für die Überwachung der Komponentenrückmeldungen auf Konformität.

5.6 Signalreduktion und -bewertung, Bereitstellen eines bewerteten Zustandsabbilds

Das steuerungsperiphere Diagnosesystem kann nicht losgelöst von der eigentlichen Funktionssteuerung (SPS) betrachtet werden. So wie das Diagnosesystem die Ausgabesignale der Steuerung an die Stellglieder bei erkanntem Fehler bzw. Störung beeinflußt, muß auch der Steuerung ein um die bereits außerhalb des Steuerungsprogramms gewonnenen Erkenntnisse aus Überwachung, Diagnose und eingeleiteten Reaktionsmaßnahmen erweitertes Zustandsabbild übergeben werden. Das bewertete Zustandsabbild setzt sich aus den Teilzustandsabbildern einer jeden FE zusammen und beinhaltet die

Informationen über die Signalgeber und die Aktorik. Für eine schnelle Auswertung und Weiterverarbeitung der Daten werden nur die für die Ausführung der Steuerungsaufgabe bzw. für weitergehende Diagnoseaufgaben notwendigen Daten bereitgestellt (Signalreduktion). In Erweiterung zum herkömmlichen Ein-/ Ausgangsabbild (Statussignale der Ein- und gegebenenfalls der Ausgänge) werden zusätzlich eine Bewertung des Statussignals sowie die eingeleiteten Reaktionsmaßnahmen übergeben. Dabei entspricht die Bewertung des Signals dem Zustand der betrachteten Komponente. Bild 5-18a zeigt den Inhalt des der Steuerung übergebenen bewerteten Statussignals eines binären Signalgebers.

Da im Steuerungsprogramm nicht der Zustand von einer im Ausgangskreis vorhandenen Einzelkomponente wie Stellglied oder Aktor interessiert, sondern vielmehr, ob die gewünschte Funktion von der angeschlossenen Aktorik, d.h. vom Stellglied über den Aktor bis hin zum bewegten Maschinenelement ausgeführt werden kann, wird ein bewertetes Abbild der Aktorik übergeben (Bild 5-18b). Dabei kennzeichnet der Status das ordnungsgemäße Ausführen oder das Blockieren bzw. Beenden der von der Steuerung (SPS) beauftragten Signalausgabe durch das steuerungsperiphere Diagnosesystem. Das Bewertungssignal bezeichnet eine vorhandene Störung der Aktorik, z.B. wenn mehrere Geberfehler entdeckt wurden und keine Möglichkeit der Fehlertolerierung durch das steuerungsperiphere Steuerungssystem besteht, oder wenn Fehler in der Überwachungslogik des Ausgangskreises eindeutig erkannt wurden, aber die ordnungsgemäße Funktionsausführung hierdurch nicht beeinflußt wird. Das Reaktionssignal zeigt die bereits außerhalb des Steuerungsprogramms eingeleitete Reaktion an.

Bisher wurden die verschiedenen Aufgaben des Diagnosesystems - Überwachung, Diagnose und Reaktion - sowie die dafür erforderlichen Informationen erläutert. Hieraus ergibt sich dann die in Bild 5-19 dargestellte funktionale Gesamtstruk-

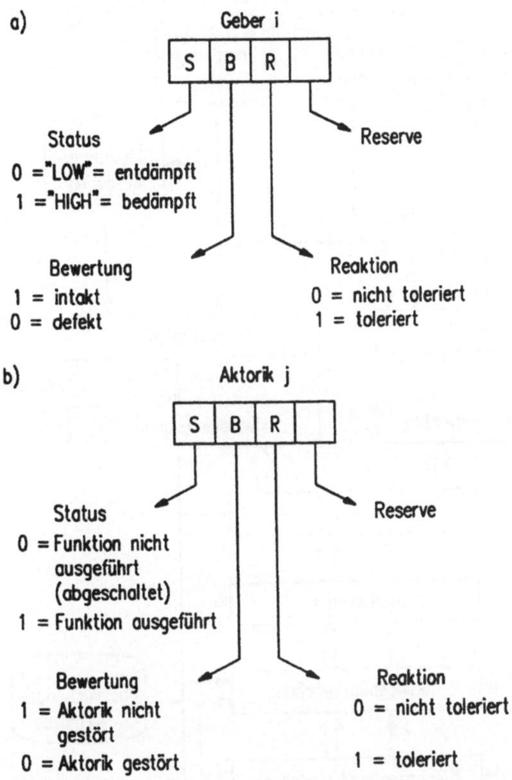

Bild 5-18: Bewertetes Zustandsabbild aus der Steuerungsperipherie an die Steuerung (SPS) /46/

tur des steuerungsperipheren Diagnosesystems auf der Basis
von überwachungsgerechten Signalgebern, Stellgliedern und
Aktoren sowie überwachten, bewegten Maschinenelementen.

In den weiteren Abschnitten wird detailliert auf die interne
Datenhaltung und -abarbeitung im steuerungsperipheren Diagnosesystem eingegangen. Ebenso werden die Möglichkeiten für
eine Realisierung des Diagnosesystems analysiert. Dabei sind

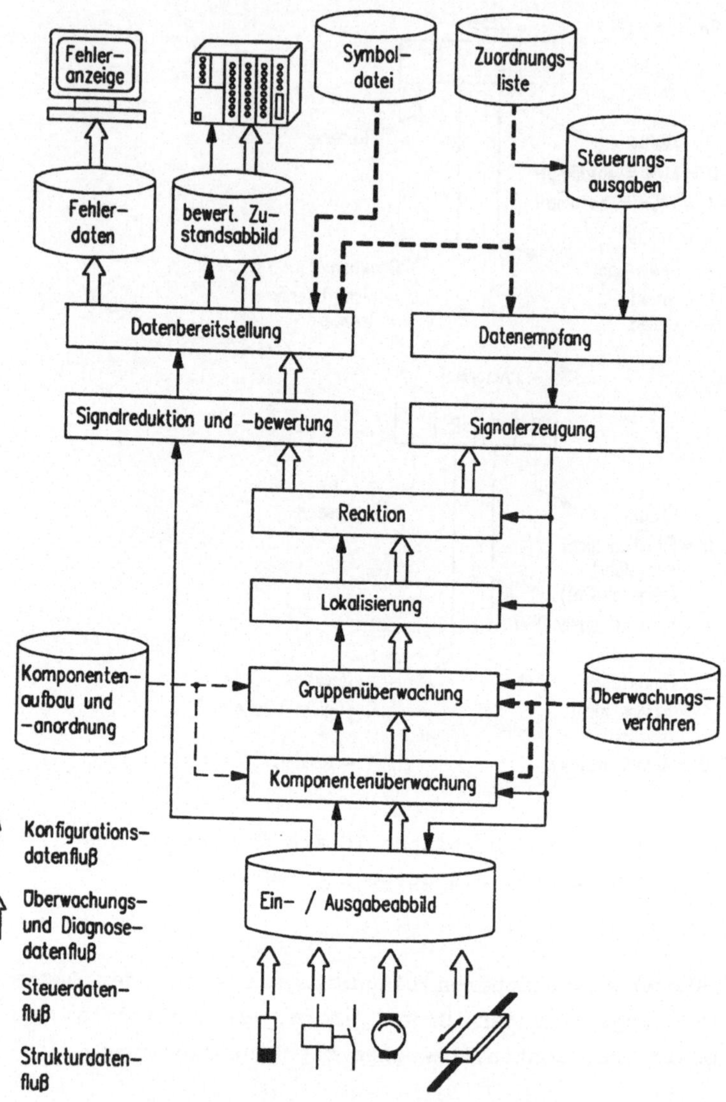

Bild 5-19: Funktionale Struktur des steuerungsperipheren Diagnosesystems /47/

die vorgestellten Lösungen sowohl unter dem Gesichtspunkt kurzer Ausführungszeiten der Aufgaben - Überwachung, Diagnose und Reaktion - als auch nach dem Kosten - Nutzen-Aspekt zu bewerten.

5.7 Projektierung eines Diagnosesystems

5.7.1 Informationsdarstellung und -speicherung

Für die Datenverarbeitung in der Koordinationslogik werden außer den Komponentenrückmeldungen zusätzliche Informationen benötigt, die in **Komponentenlisten** enthalten sind. Aufbau und Inhalt der verschiedenen Komponentenlisten werden beispielhaft anhand der in Bild 5-20 dargestellten Anordnung erklärt.

Jede in der Liste vorhandene Komponente beinhaltet dabei ein Teil des Strukturmodells der Komponentenanordnung, des Komponentenaufbaus und soweit erforderlich, die für die Ansteuerung benötigten Daten. Des weiteren ist die Information über eine durchzuführende Komponentenüberwachung enthalten. Entsprechend den verschiedenen Komponententypen wird zwischen Geber-, Stellglied-, Aktor- und Maschinenelementlisten unterschieden.

Das Listenelement **NACHFOLGER** enthält in der Geberliste die Adresse eines in Schaltfolge gekoppelten Signalgebers (in Bild 5-20, S1 und S3 sowie S3 und S4). Ist das Listenelement leer, bzw. enthält es die Adresse 0, so sind die Komponenten konstruktiv derart angeordnet, daß zwischen zwei Gebern stets eine 'Lücke' vorliegt (in Bild 5-20, S4 und S5). Der Listeneintrag beinhaltet in der Stellglied- und Aktorliste die Adresse der in der Wirkkette nachfolgenden Komponente. Dabei ist bei einem Eintrag in der Stellgliedliste zu berücksichtigen, daß sowohl ein weiteres in Reihe geschaltetes Stellglied als auch ein Aktor nachfolgen kann.

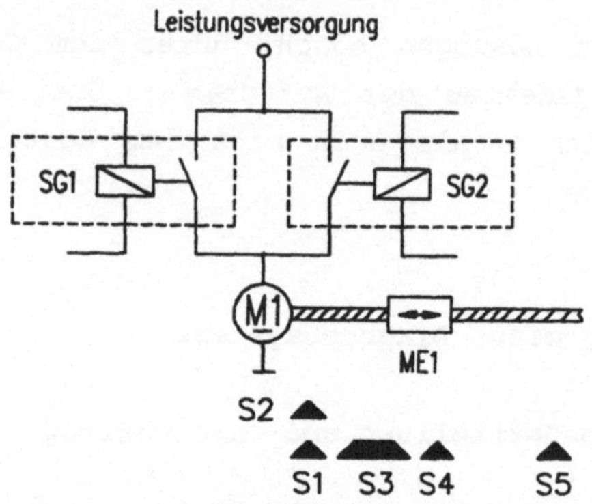

Signalgeberliste					
Nr.	KOMPO- NENTE	NACH- FOLGER	REDUNDANTE KOMPONENTE	AUFBAU	ÜBERWA- CHUNG
1	S1	S3	S2	Schl.	ja
2	S3	S4	–	Schl.	ja
3	S4	–	–	Schl.	ja
4	S5	–	–	Schl.	ja
5	S2	S3	–	Schl.	ja

Stellgliedliste					
Nr.	KOMPO- NENTE	NACH- FOLGER	REDUNDANTE KOMPONENTE	ÜBERWA- CHUNG	SEMAPHOR
1	SG1	M1	SG2	ja	X
2	SG2	M1	–	ja	X

X = wird dynamisch ermittelt

Aktorliste			
Nr.	KOMPO- NENTE	NACH- FOLGER	ÜBERWA- CHUNG
1	M1	ME1	ja

Maschinenelementliste		
Nr.	KOMPO- NENTE	ÜBERWA- CHUNG
1	ME1	ja

Bild 5-20: Beispielhafte Eintragungen in die Komponentenlisten

Eine direkt redundante Komponente ist unter **REDUNDANTE KOM-
PONENTE** aufgeführt (in Bild 5-20 ist Geber S2 redundant zu
S1 sowie Stellglied SG2 redundant zu SG1). Eine Fehler-
tolerierung (s. Kap. 5.4) geschieht aus den genannten Grün-

den nur für Signalgeber und Stellglieder. Deswegen tritt dieses Listenelement nur in der Signalgeber- und Stellgliedliste auf.

Der Eintrag **AUFBAU** gibt Auskunft darüber, ob die Komponente ein Signal über eine Öffner- oder Schließerfunktion zur Verfügung stellt. Diese Information wird in der Koordinationslogik lediglich für die Überwachung auf widersprüchliche Gebersignale benötigt. Im Gegensatz zur Signalgeberliste ist diese Information nicht in der Stellgliedliste erforderlich, da zur Konformitätsüberwachung der Rückmeldungen aus der Aktorik die erforderliche Information bereits in dem aus der Komponentenüberwachung zurückgemeldeten Stellgliedstatus enthalten ist.

Das Bit **ÜBERWACHUNG** kennzeichnet, ob eine Überwachung der Komponente und damit auch eine Auswertung der Komponentenrückmeldungen geschehen soll. Erfolgt keine Überwachung, so ist auch die Ankopplung nicht überwachungsgerechter Komponenten an die Eingabemodule des steuerungsperipheren Diagnosesystems möglich, ohne widersprüchliche Signalkombinationen und damit Fehlermeldungen zu erhalten.

Neben den Daten der Komponentenanordnung ist in der Stellgliedliste das Semaphor für die Ansteuerung enthalten. Das **ANSTEUERUNGS- SEMAPHOR** wird bei der Überprüfung von Reaktionsmaßnahmen in der Koordinationslogik beeinflußt und wurde bereits in Abschnitt 5.5 behandelt.

Außer den in Bild 5-20 aufgezeigten Listenelementen beinhaltet jede Liste noch die Adresse des Speicherbereichs, in welchem die Rückmeldungen der überwachten Komponenten abgelegt sind.

Die Listeneintragungen je Komponententyp sind allgemeingültig, d.h., die Eintragungen sind unabhängig von der verwendeten Komponente. Die Eintragungen für ein Relais oder

Ventil als Stellglied entsprechen sich somit. In den betreffenden Listen werden die verschiedenen Daten unterschiedlichen Typs für jede Komponente zusammengefaßt, es ist auf einfache Art und Weise der Zugriff darauf möglich. Aufgrund der strukturierten Darstellung ist ebenfalls eine Erweiterung dieser Listen um weitere Listenelemente gegeben.

5.7.2 Abarbeiten und Bereitstellen der Daten

5.7.2.1 Die Koordinationslogik

Die vom steuerungsperipheren Diagnosesystem für jede Funktionseinheit auszuführenden Aufgaben bestehen zum einen in Überwachungs- und Diagnosetätigkeiten und zum anderen in der Signalerzeugung und Ansteuerung der Aktorik. Bis auf die Komponentenüberwachung, welche nur die Einzelkomponenten betrifft, werden die Aufgaben des Diagnosesystems (s. Kap. 5.2 ... 5.6) in der Koordinationslogik in der in Bild 5-21 aufgezeigten Reihenfolge bearbeitet. Es handelt sich dabei um einen zyklischen Ablauf. Das Abarbeiten und Ausführen einer im Bild dargestellten Aufgabe erfolgt durch Funktionsbausteine (FB), die einen spezifischen Teil der Aufgabe erledigen. So geschieht beispielsweise das Tolerieren von fehlerhaften Gebersignalen mittels direkter Redundanz durch einen speziellen Funktionsbaustein, während ein anderer FB eine Fehlertolerierung nur mittels funktionsredundanter Geberanordnung ermöglicht. Weitere erstellte FB sind beispielsweise für das Überwachen auf widersprüchliche Gebersignale, die Konformitätsüberwachung der Signale aus der Aktorik, das Bereitstellen der bewerteten Geberstatussignale sowie Statussignale der Aktorik usw.. Die FB liegen als Festprogramme (Firmware) vor und müssen nicht mehr vom Anwender erstellt werden.

Eine Koordinationslogik besteht aus einem Steuerbaustein, mehreren Funktions- und Hilfsfunktionsbausteinen, die Daten

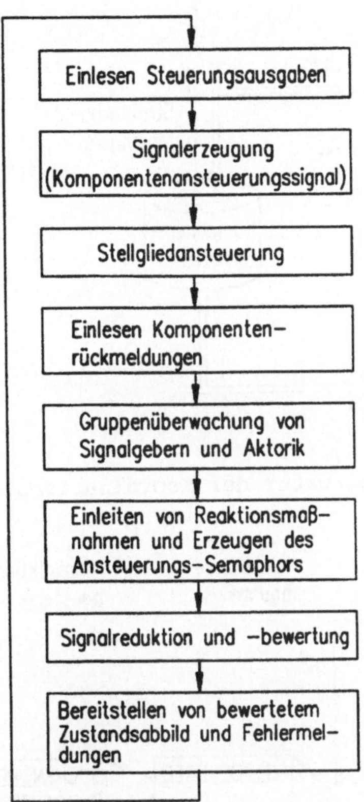

Bild 5-21: Zyklische Abarbeitung der Aufgaben in der Koordinationslogik

aus den Komponentenlisten beziehen (Bild 5-22)

Ist der grobe Ablauf der Diagnosesystemaufgaben (Bild 5-21)
vorgegeben, so werden die Teilabläufe innerhalb einer Aufgabe (z.B. Fehlertolerierung von Gebersignalen) durch einen
Steuerbaustein koordiniert. Analog zu der bei speicherprogrammierbaren Steuerungen verwendeten Bausteinpraxis, werden
- wie in Bild 5-23 dargestellt - die verschiedenen Funktionsbausteine vom Steuerbaustein aufgerufen. Die Reihenfolge

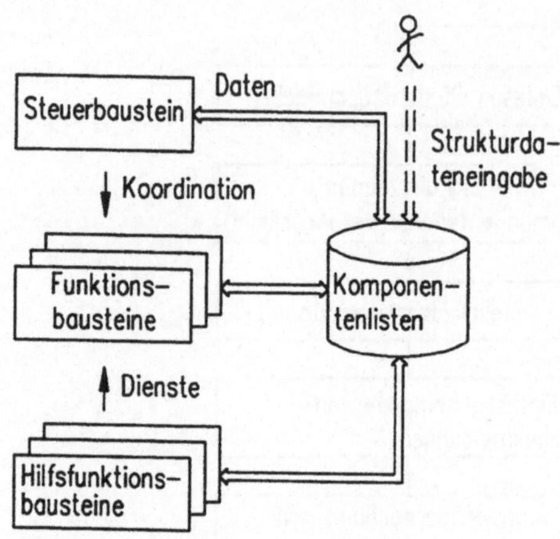

Bild 5-22: Die Bausteinstruktur der Koordinationslogik

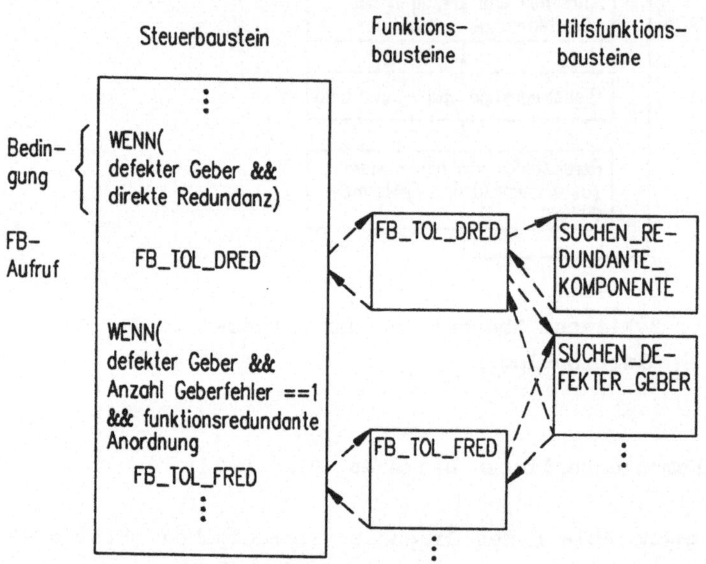

FB_TOL_DRED = FB Signaltolerierung durch direkte Redundanz
FB_TOL_FRED = FB Signaltolerierung durch funktionsredundante Anordnung

Bild 5-23: Aufteilung der Koordinationslogikaufgaben

sowie die Entscheidung für den Aufruf eines Bausteins ist im Steuerbaustein festgeschrieben und erfolgt nach erfülltem Bedingungsteil. So wird z.B. bei erforderlicher Gebersignaltolerierung der FB zur Tolerierung mittels funktionsredundanter Anordnung nur dann durchlaufen, wenn die notwendigen Bedingungen - jeder Geber besitzt einen **direkten Nachbar**, und es existiert nur **ein** Geberfehler - erfüllt sind. Das Abprüfen der jeweiligen Bedingung und Aufrufen des Funktionsbausteins wird autonom vom Steuerbaustein vorgenommen. Es ist ersichtlich, daß für den in Bild 5-21 dargestellten Ablauf keine konstante Zykluszeit angegeben werden kann. Vielmehr hängt diese von den aus der Komponentenüberwachung stammenden Rückmeldungen und der daraufhin einzuleitenden Maßnahmen ab.

Beziehen sich die Algorithmen eines Funktionsbausteins auf bestimmte Aufgaben der Koordinationslogik, so enthalten die Hilfsfunktionsbausteine Dienstprogramme, die von verschiedenen Funktionsbausteinen genutzt werden (Bild 5-23). Damit wird vermieden, daß gleiche Funktionen mehrmals in verschiedenen Funktionsbausteinen vorliegen. Dabei handelt es sich um Funktionen wie Suchen_Defekter_Geber, Suchen_Redundante_Komponente, Suchen_Nachfolgekomponente bzw. Suchen_-Vorgänger_Komponente.

Das bislang notwendige Projektieren der Überwachung beschränkt sich damit bei Einsatz des steuerungsperipheren Diagnosesystems auf das Bereitstellen der Informationen für die Komponentenlisten (s. auch Kap. 6.5).

Entsprechend der Zweiteilung der Überwachung des steuerungsperipheren Diagnosesystems, zum einen bezogen auf Einzelkomponenten und zum anderen mehrere Komponenten betreffend, erscheint eine zugehörige gerätetechnische Einteilung als sinnvoll.

5.7.2.2 Aufbau für die Einzelkomponentenüberwachung

Bei den Aufgaben bezogen auf die Einzelkomponenten handelt
es sich um die Komponentenüberwachung und die dazugehörige
Signalbewertung. Diese sind an die verschiedenen Komponenten
speziell angepaßt. Da zwischen den einzelnen Komponentenüberwachungen kein Datenaustausch erforderlich ist, sind
diese autonom und parallel zueinander ausführbar. Die Komponentenüberwachung erfordert zusätzlich eine Logik zur
Durchführung des Funktionstests und/oder eine Sensorik für
das Erfassen der Signale. Ist die Überwachungssensorik sowie
die zur Ausführung erforderliche Testlogik in den peripheren
Komponenten zu integrieren, so kann die Überwachungs- sowie
Auswertelogik auch außerhalb der überwachten Komponenten
angeordnet sein. In Bild 5-24 sind Beispiele für eine Realisierung der Einzelkomponentenüberwachung aufgezeigt.

Eine Bewertung der drei vorgestellten Möglichkeiten unter
dem Gesichtspunkt einer universellen und offenen Lösung geschieht in der Tabelle 5-1.

Integration in Komponente (Bild 5-24a)	"Intelligente Klemme" (Bild 5-24b)	"Intelligente E/A" (Bild 5-24c)
- bei baulich kleinen Komponenten nicht möglich	+ Überw. baulich kleiner Komponenten möglich	+ Überw. baulich kleiner Komponenten möglich
+ herkömmliche E/A- Karten verwendbar	+ herkömmliche E/A- Karten verwendbar	- inkompatibel zu bisherigen E/A-Karten
+ keine externe Überwachungs-hardware	- zusätzliche Überwachungs-hardware in den Klemmen	- zusätzliche Überwachungs-hardware in E/A

Tabelle 5-1: Bewertung von Realisierungsmöglichkeiten

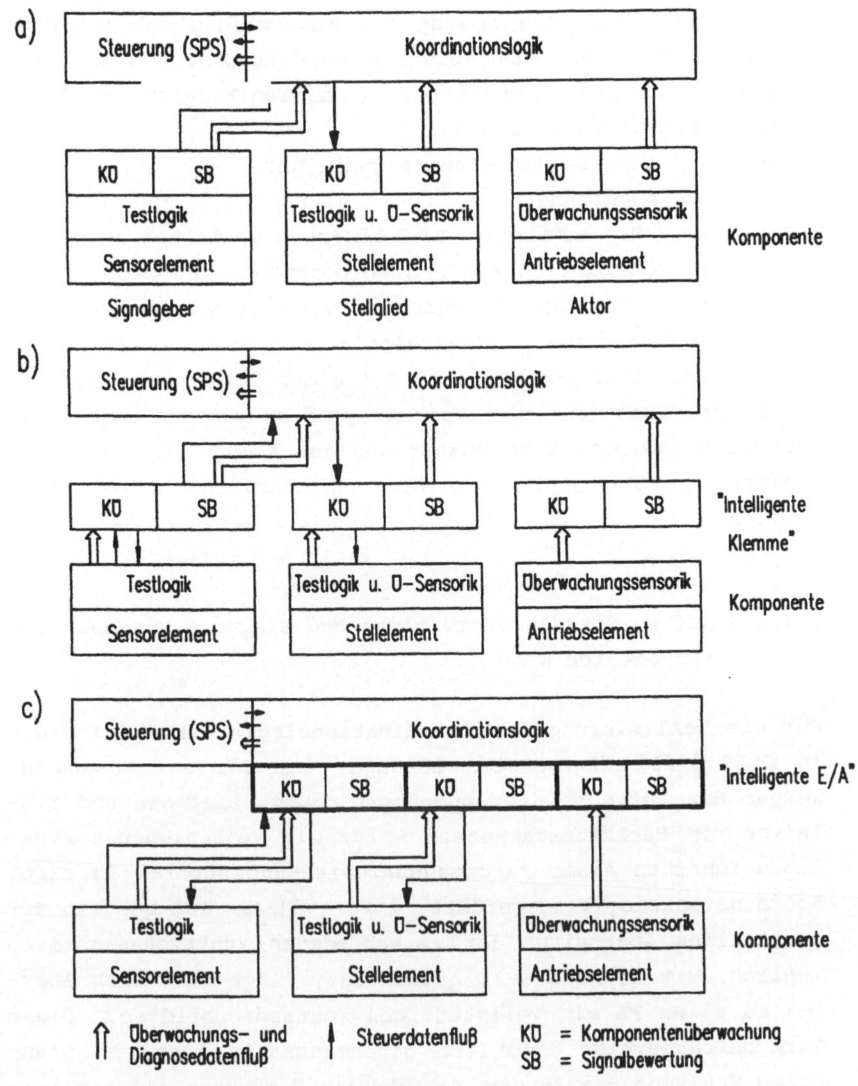

Bild 5-24: Beispiele für eine Realisierung der Komponentenüberwachung

Die dargestellten Fälle b) und c) erfordern für eine kostengünstige, flexible Lösung die Entwicklung von einheitlichen Modulen für die verschiedenen Komponenten wie Signalgeber, Stellglied und Aktor. In diesen Modulen ist dann
- die Komponentenüberwachung,
- die Ein-/ Ausgabe der Steuersignale und
- die Signalbewertung
auszuführen. Die erwähnten zwei Lösungen gestatten zudem ein
Überwachen von baulich kleinen Komponenten, in denen ansonsten eine zusätzliche Integration von Überwachungssensorik
inklusive Test- und Auswertelogik aufgrund konstruktiver
Bedingungen nicht möglich ist. Bei einer Lösung nach a) bzw.
b) ist die Komponentenüberwachung gerätetechnisch unabhängig
von der Steuerung. Eine Ankopplung der Komponenten bzw. der
Klemmen ist beispielsweise über herkömmliche E/A- Karten
möglich.

5.7.2.3 Aufbau für die Überwachung und Diagnose von mehreren Komponenten

Für die Realisierung der Koordinationslogik bieten sich die
in Bild 5-25 aufgezeigten Lösungen an. Bei der Lösung a)
werden die Aufgaben - Gruppenüberwachung, Diagnose und Einleiten von Reaktionsmaßnahmen - für die verschiedenen Funktionseinheiten einer Fertigungseinrichtung zentral in einer
Koordinationslogik ausgeführt. Infolgedessen ist nur ein se-
quentielles Abarbeiten der verschiedenen Funktionseinheiten
möglich. Wie in Bild 5-26 aufgezeigt, liegt erst nach Abarbeiten aller FE ein vollständiges Zustandsabbild vor. Diese
Verarbeitungsweise erfordert gegebenenfalls auch ein ständiges Neuladen der in den zugehörigen Komponentenlisten enthaltenen Strukturdaten. Aufgrund der hohen zeitlichen Anforderungen in der Feldebene und damit auch an das steuerungsperiphere Diagnosesystem, ist die sequentielle Abarbeitung in einer Koordinationslogik ausreichend, wenn

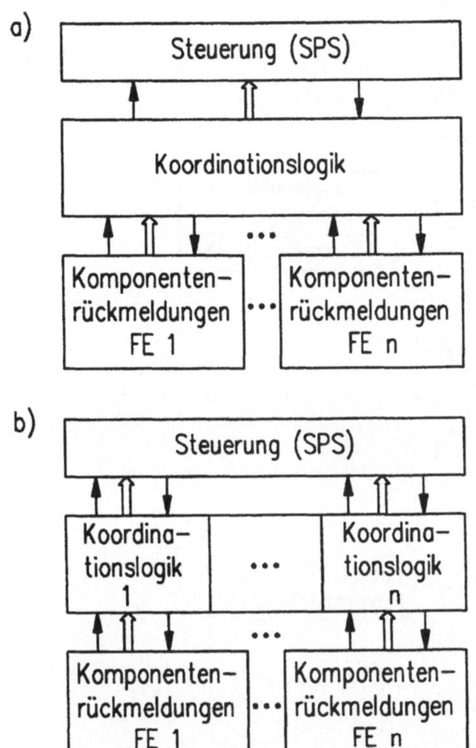

Bild 5-25: Beispiel für die Realisierung der Koordinationslogik

- nur wenige Funktionseinheiten zu überwachen sind, wobei
  dies auch von der Anzahl der zu überwachenden Komponenten
  sowie der eingesetzten Verfahren abhängt, oder
- die Aufgaben in einer Logik mit hoher Verarbeitungsge-
  schwindigkeit (z.B. Signalprozessor) ausgeführt werden.

Unter dem Gesichtspunkt der ständig steigenden Prozessor-
leistung verlieren die angeführten Einschränkungen aber an
Bedeutung.

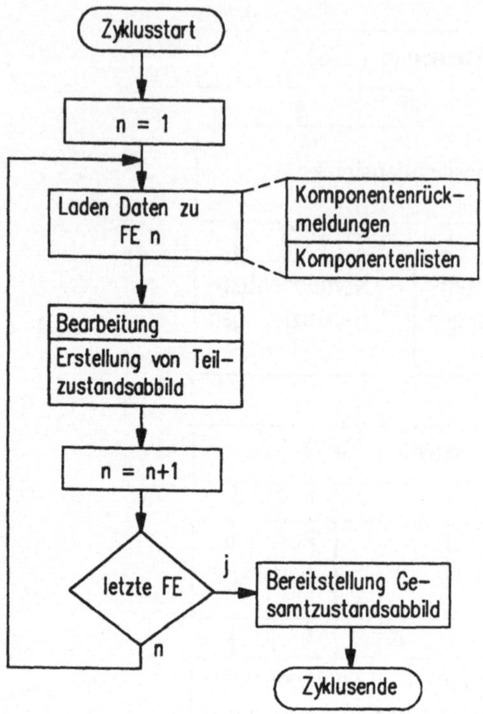

Bild 5-26: Ablauf der Datenverarbeitung für verschiedene Funktionseinheiten in einer Koordinationslogik

Da die Daten der einzelnen Funktionseinheiten für die Diagnose in der Steuerungsperipherie voneinander unabhängig sind, können die Überwachungs- und Diagnoseaufgaben für alle Funktionseinheiten auch zeitlich parallel abgearbeitet werden (Bild 5-25b). Nach Durchlaufen des in Bild 5-21 dargestellten Zyklus steht bereits das Gesamtzustandsabbild für die Steuerung zur Verfügung. Diese Lösung erfordert jedoch einen hohen Hardwareaufwand, da für jede existierende FE eine eigene Logik erforderlich ist. Wird für die hardwaremäßige Realisierung der Koordinationslogik ein Prozessor mit hoher Signalverarbeitungsgeschwindigkeit verwendet, bzw.

ein Großteil der Funktionen in anwendungsspezifischen IC's realisiert, so genügt im Hinblick auf eine schnelle Abarbeitungs- und Reaktionszeit in vielen Anwendungsfällen ein Aufbau nach der in Bild 5-25a dargestellten Lösung. Dabei kann die Koordinationslogik für die zu überwachenden Funktionseinheiten einer Fertigungseinrichtung entweder als "stand-alone- Gerät" oder als Einschubkarte für herkömmliche speicherprogrammierbare Steuerungen realisiert werden. Sind die Einschubkarten speziell an die betreffenden Steuerungen anzupassen, so stellt die Realisierung als "stand-alone-Gerät" eine offene Lösung dar, da eine Kopplung mit verschiedenen Steuerungen ohne großen Aufwand möglich ist.

Bislang wurden Lösungen für den Aufbau des steuerungsperipheren Diagnosesystems analysiert und bewertet, ohne jedoch die Datenübertragung zu berücksichtigen. Da die Art der Datenübertragung die Echtzeitfähigkeit des Systems beeinflußt, sollen im folgenden Abschnitt Lösungen für den Datenaustausch in der Feldebene untersucht werden.

5.7.3 Steuer-, Überwachungs- und Diagnosedatenaustausch

Bislang geschieht der Signalaustausch in der Steuerungsperipherie über eine Punkt- zu Punkt- Verbindung, wobei 0V-/ und 24V- Signale verwendet werden. Bei einer Signalvorverarbeitung - wie im Fall des steuerungsperipheren Diagnosesystems - empfiehlt sich jedoch
- aufgrund der größeren Anzahl der zu übertragenden Daten - neben Steuerdaten auch Überwachungs- und Diagnosedaten,
- des damit verbundenen Verdrahtungsaufwands und
- der größeren Wahrscheinlichkeit von häufiger auftretenden Verbindungs- oder Kontaktfehlern

der Einsatz von Feldbuslösungen. Es sollen deshalb zunächst verschiedene Möglichkeiten für den Datenaustausch mit den peripheren Komponenten beurteilt werden. Basierend auf den gewonnenen Erkenntnissen werden bekannte Feldbussysteme in bezug auf die Verwendung für die Überwachungs- und Diagnosedatenübertragung mit einfachen binären, überwachungsgerechten Komponenten bewertet.

5.7.3.1 Datenaustausch beim Einsatz von überwachungsgerechten peripheren Komponenten

Werden die Komponenten direkt an einen Feldbus angeschlossen, so muß jede Komponente über eine separate Adresse angesprochen werden. Dies bedeutet, daß entweder zusätzliche Schalter zur manuellen Adreßeinstellung oder zusätzliche elektronische Komponenten zur Einprogrammierung der betreffenden Adresse in der Baueinheit anzuordnen sind. Darüber hinaus ergibt sich ein sehr hoher Aufwand im Reparaturfall, da in diesem Fall die Ersatzkomponente mit der gleichen Adresse wie die ausgefallene Baueinheit versehen werden muß. Weiterhin ist für den Datenaustausch über ein Feldbussystem auf eine hohe Effektivität der Datenübertragung zu achten, was sich in einer kurzen Datenübertragungszeit auswirkt. Dies erfordert eine hohe Protokolleffektivität, d.h. ein großes Verhältnis der Nutzdaten (Status-, Überwachungs- und Diagnosedaten) zu den Gesamtübertragungsdaten. Für die serielle Datenübertragung sind die eigentlichen Nutzdaten noch um Steuer-, Adreß- und Sicherungsinformationen zu ergänzen. Aufgrund des geringen Nutzdatenanteils (s. Bild 5-4) an der dann von binären Komponenten stammenden Information empfiehlt sich zur Erhöhung der Protokolleffektivität und damit zur Verkürzung der Gesamtübertragungszeit für den Datenaustausch zu allen Komponenten das Zusammenfassen mehrerer binärer Komponenten für die Datenübertragung. Werden mehrere periphere Komponenten z.B. über eine "Intelligente Klemmleiste" (s. Kap. 5.7.2.2) zusammengefaßt, so kann der Datenaustausch zwischen Klemmleiste und nachfolgender Logik beispielsweise über ein Feldbussystem geschehen. In diesem Fall findet in einer "Intelligenten Klemme" die Umsetzung zwischen der spezifischen Komponentenschnittstelle und den

aus Gründen der Flexibilität und Austauschbarkeit sinnvollen
einheitlichen Schnittstelle je Komponententyp (s. Kap.
5.1.3) statt. Durch die implizite Adressierung über die
Klemme ergibt sich kein zusätzlicher Aufwand bei dem Kompo-
nentenaustausch (z.B. durch Adreßprogrammierung) im Reparaturfall, und es ist keine Adressierungslogik in die Komponenten zu integrieren. Diese Lösung gestattet es auch, sowohl überwachbare als auch nicht überwachbare (herkömmliche)
Komponenten gleichzeitig über eine Klemmleiste zu koppeln,
wenn für die nicht überwachbaren Einheiten eine Umsetzung
bzw. Anpassung an die einheitliche Schnittstelle nach
Dateninhalt und -struktur geschieht. Der Datenaustausch
zwischen überwachungsgerechten Baueinheiten und "Intelligenter Klemme" kann je nach Bedarf und Anforderung über eine
serielle Punkt- zu Punkt- Verbindung oder wie bisher parallel geschehen. Für das Überprüfen der Verbindungsleitung
eignet sich eine dynamische (z.b. frequenzanaloge) Signalübertragung besonders gut, da ein ständiger Signalaustausch
stattfindet. Entscheidend für den gesamten Datenaustausch im
Feldbereich ist jedoch eine schnelle sowie sichere Datenübertragung. Die Datenübertragungszeit kann zusätzlich noch
dadurch verkürzt werden, daß statt der ständigen Übergabe
des gesamten E/A- Abbilds lediglich Signaländerungen übergeben werden. Bei vorhandener Master- Slave- Beziehung und
zyklischer Abfrage ist dies bei Vorliegen von unveränderten
Signalen durch eine Kurzquittierung durch den Slave zu rea-
lisieren. Eine andere Möglichkeit besteht in der Verwendung
eines multimasterfähigen Kommunikationssystems, so daß sich
die betreffenden Einheiten bei vorhandenen Änderungen selbständig bei der übergeordneten Logik melden, spätestens jedoch nach einer vorbestimmten Zeit zum Überprüfen der Verbindungsleitung auf Fehlerfreiheit. In letztgenanntem Fall
ergibt sich ein zusätzlicher Aufwand zum Vermeiden von Kol-
lisionen bei gemeinsam genutztem Übertragungsmedium. Weiterhin kann die Zeit vom Übertragungswunsch einer Einheit
bis zur tatsächlichen Ausführung nicht vorausberechnet werden (stochastischer Zugriff).

Sind Koordinationslogik und Steuerung in einem Gehäuse ein-
gebaut, so erscheint der Datenaustausch von bewertetem Zustandsabbild und den Steuerungsausgabesignalen über ein
Dual-Port-RAM zweckmäßig. In diesem Fall können die Daten
direkt in den E/A- Speicherbereich der Steuerung übergeben
bzw. daraus übernommen werden.

5.7.3.2 Bewertung bekannter Feldbuslösungen für die Ankopp-
lung von überwachungsgerechten binären Komponenten

Bislang existieren für binäre Signalgeber, Stellglieder und
Aktoren nur vage Vorstellungen über eine direkte Feldbus-
kopplung. In Übereinstimmung mit /49/ kann festgestellt
werden, daß für den Datenaustausch mit 'einfachen' peripheren Komponenten und den z.T. als Normungsvorschlag existierenden Feldbuslösungen (z.B. PROFIBUS) eine große Lücke besteht. Bei diesen Lösungen handelt es sich um offene Kommu-
nikationssysteme für den Feldbereich, wobei die zur Verfügung stehenden Dienste eine Untermenge von MMS (Manu-
facturing Message Specification) bilden. In der Regel ist
ein Großteil der bereitgestellten Dienste für den Datenaustausch mit den binären Komponenten nicht erforderlich. Deshalb erscheinen diese Feldbuslösungen als zu aufwendig und
führen somit zu einer geringen Protokolleffektivität (zwischen 10% und 20%) bei der Datenübertragung mit diesen
'einfachen' Komponenten. Für die Ebene der binären Peri-
pheriekomponenten ist ein im Vergleich zu bisherigen Feld-
buskonzepten mit geringerer Funktionalität ausgestatteter
unterlagerter Sensor-Aktor-Bus notwendig. Wie bereits im
vorherigen Abschnitt aufgezeigt wurde, erscheint es aus
Sicht einer kürzeren Datenübertragungszeit sinnvoll, die
peripheren binären Komponenten über eine sogenannte "Intelligente Klemmleiste" an einen Feldbus bzw. Sensor-Aktor-Bus
anzuschließen. Als mögliche Lösung für die indirekte Kopplung der Komponenten an ein Bussystem über eine Klemmleiste
bieten sich die in /23,50,51,52,53/ dargestellten Sensor-

Aktor-Bussysteme an. In Tabelle 5-2 sind die jeweils erkannten Vor- und Nachteile dieser Bussysteme unter dem
Aspekt der Einsatzfähigkeit für den Datenaustausch mit binären peripheren Komponenten über eine "Intelligente Klemmleiste" aufgezeigt.

System	Prinzip	Vorteil	Nachteil
DESI /23/	Master- Slave	E/A mit inte-grierter Strom-überwachung auf intakte Verbin-dung zu den par-allel angekoppel-ten Komponenten	
INTERBUS-S /50/	Schieberegi-ster- Ring	zeitlich gleich-zeitige Ein- und Ausgabe; hohe Protokoll-effizienz	begrenzt auf 16 bit Nutzdaten pro Modul in einem Übertra-gungszyklus
BITBUS /51/	Master- Slave	universelles und offenes System; vorhandene Kom-munikationsdien-ste in Firmware	bei wenigen Komponenten ge-ringe Proto-kolleffektivi-tät
SERCOS /52/	Zeitscheiben	zeitlich synchro-nisierte Datener-fassung und Über-tragung; Dienste für die Übertragung von Antriebsdiagnose-daten	beschränkt auf Datenaustausch Antriebe - nu-merische Steue-rung
CAN /53/	Multimaster	in Hardware rea-lisierte Funkti-onen; einfache Daten-schnittstelle	begrenzt auf 64 bit Nutz-daten

Tabelle 5-2: Bewertung von Sensor-Aktor-Bussystemen zur indirekten Ankopplung von binären Komponenten

Die betreffenden physikalischen, elektrischen sowie kom-
munikationstechnischen Daten sind in den jeweiligen Literaturstellen nachzulesen.

6 Realisierung des steuerungsperipheren Diagnosesystems

Beim Aufbau von Fertigungseinrichtungen am Institut für Steuerungstechnik der Werkzeugmaschinen und Fertigungseinrichtungen der Universität Stuttgart wurde an einem Regalbediengerät das steuerungsperiphere Diagnosesystem verwirklicht. Die zwei Tische des Regalbediengerätes werden von einer SPS gesteuert und die Schaltpositionen durch binäre induktive Signalgeber erfaßt (Bild 6-1).

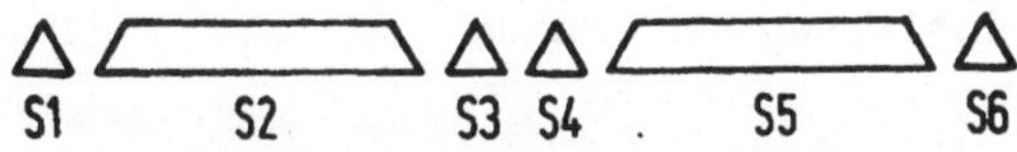

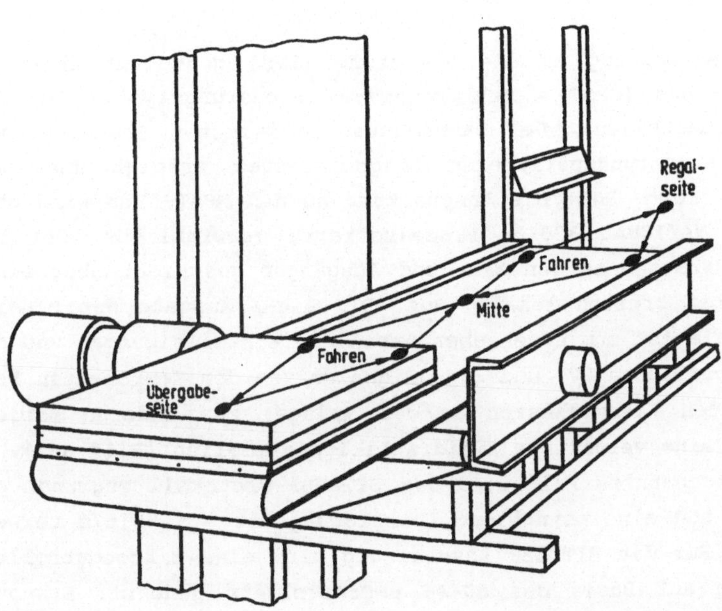

Bild 6-1: Funktionseinheit Tisch eines Regalbediengerätes

Die beiden Signalgeber in der Mitte sind aus Genauig-
keitsgründen notwendig, dagegen werden die beiden Geber S2
und S5 zur Erfassung der Bewegungszustände für eine Fehlertolerierung an Signalgebern benötigt. Die Aktorik besteht
aus einem Stellglied zur Ansteuerung des Drehstrommotors und
dem bewegten Maschinenelement Tisch, welches zusätzlich
durch eine Bremse in seiner Ruhelage gehalten wird.

Bei der Realisierung stand der Funktionsnachweis des steuerungsperipheren Diagnosesystems im Vordergrund und nicht so
sehr die Optimierung in bezug auf den Aufbau bzw. die
Programmierung.

6.1 Gerätetechnische Realisierung

Die Ankopplung an die Steuerung (SPS) geschieht über den
MPST- Bus (MPST = Mehrprozessor- Steuerungssystem für Ar-
beitsmaschinen). Der Datenaustausch zwischen Steuerung und
dem steuerungsperipheren Diagnosesystem erfolgt über ein
Dual- Port- RAM. Die Anschaltung an den MPST- Bus wird über
eine NATIONAL 32016- Prozessorkarte verwirklicht. Der Datenaustausch zu den Ein- und Ausgängen geschieht über einen
16- bit breiten lokalen Bus. Die Ein-/ Ausgabe der binären
Signale ist zum einen über parallele Einzelleitungen und den
herkömmlichen 0V- und 24V- Signalen von den Komponenten bzw.
aus den Klemmenkästen an der Anlage, zum anderen seriell
über eine verdrillte Zweidrahtleitung möglich (Bild 6-2). Im
letztgenannten Fall wird das BITBUS- Protokoll zugrunde ge-
legt und eine asynchrone Übertragung mit 375 kbit/s verwendet. Für die BITBUS- Anschaltung wird eine Mikrocontroller-
karte auf Basis des 8044- µ-Controllers genutzt. Erkannte
Fehler und Störungen werden auf einem PC angezeigt, der Datenaustausch erfolgt über die serielle BITBUS- Verbindung.
Da der Datenaustausch über den BITBUS ausschließlich auf dem
Master- Slave- Prinzip beruht und zudem alle Dienste quittiert werden, ist damit zugleich eine Überwachung der Ver-

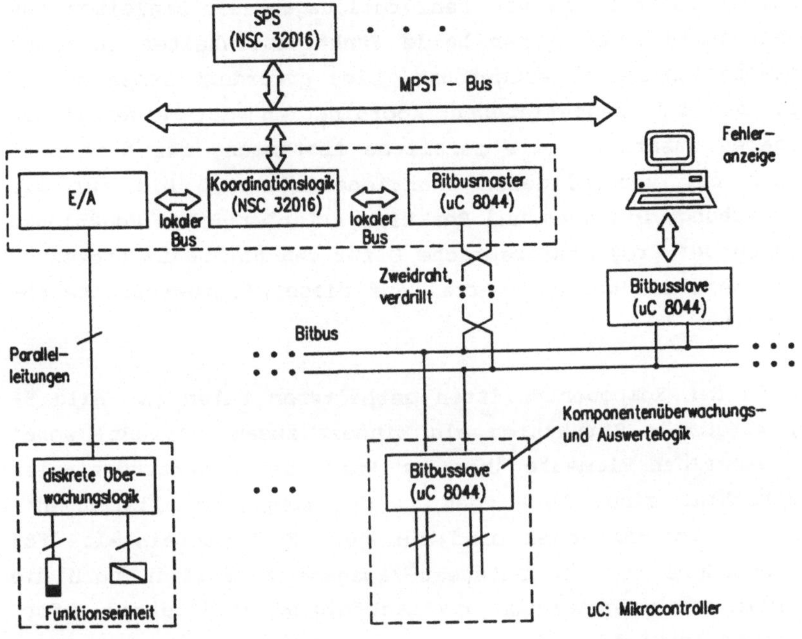

Bild 6-2: Gerätetechnische Realisierungen

bindungsleitungen und der beteiligten Bauteile auf Fehlerfreiheit gegeben. Die für die Komponentenüberwachung erforderlichen Logikeinheiten wurden z.T. diskret, zum anderen
(z.B. für die Überwachung und Auswertung der Signale eines
elektronischen Stellglieds) in Software für eine Z80B-
Prozessorkarte realisiert.

6.2 Softwarefunktionen

6.2.1 Datenverarbeitung

Es handelt sich um zwei zu überwachende Funktionseinheiten
(2 Tische). Deshalb werden die Aufgaben - Gruppenüberwa-

chung, Bereitstellen von Fehlermeldungen und Einleiten von Reaktionsmaßnahmen - für beide Funktionseinheiten in einer Koordinationslogik ausgeführt. Dies erfordert neben der in Kap. 5.7.2.1 beschriebenen Koordination der eigentlichen Aufgaben zusätzlich die zeitliche Abstimmung für das Abarbeiten der verschiedenen Funktionseinheiten. Die für die Überwachung, Diagnose und Reaktion erforderlichen Funktionen sind in der Programmiersprache C für den NATIONAL- Prozessor realisiert und werden zentral auf dieser Prozessorkarte abgearbeitet.

Die in den Komponentenlisten enthaltenen Daten (s. Bild 5-20) werden in Strukturen als Einheit zusammengefaßt, wobei die einzelnen Elemente über den Namen der Strukturvariablen ansprechbar sind. Außer den in den Komponentenlisten enthaltenen Informationen sind für jede Funktionseinheit (FE) insbesondere für die Datenein-/ausgabe zusätzlich noch die in Bild 6-3 aufgezeigten und nachfolgend erläuterten Informationen notwendig.

In der **FE- Konfigurationsliste** ist der Speicherplatz für die maximal mögliche Anzahl der adressierbaren Funktionseinheiten reserviert, wobei die Funktionseinheiten in aufsteigender Reihenfolge ihrer Adressen vorliegen. Die maximale Anzahl der zu bearbeitenden Funktionseinheiten innerhalb eines Systems ist im realisierten Fall hardwaremäßig auf 250 FE beschränkt. Eine Funktionseinheit wird in der Konfigurationsliste durch

Listen- Basisadresse + Offset ($\equiv$ FE- Adresse)

bestimmt. In der Liste sind jedoch nur die Daten der tatsächlich vorhandenen FE eingetragen. Die zu bearbeitenden Funktionseinheiten sowie die Abarbeitungsreihenfolge werden der **FE- Ablaufliste** entnommen.

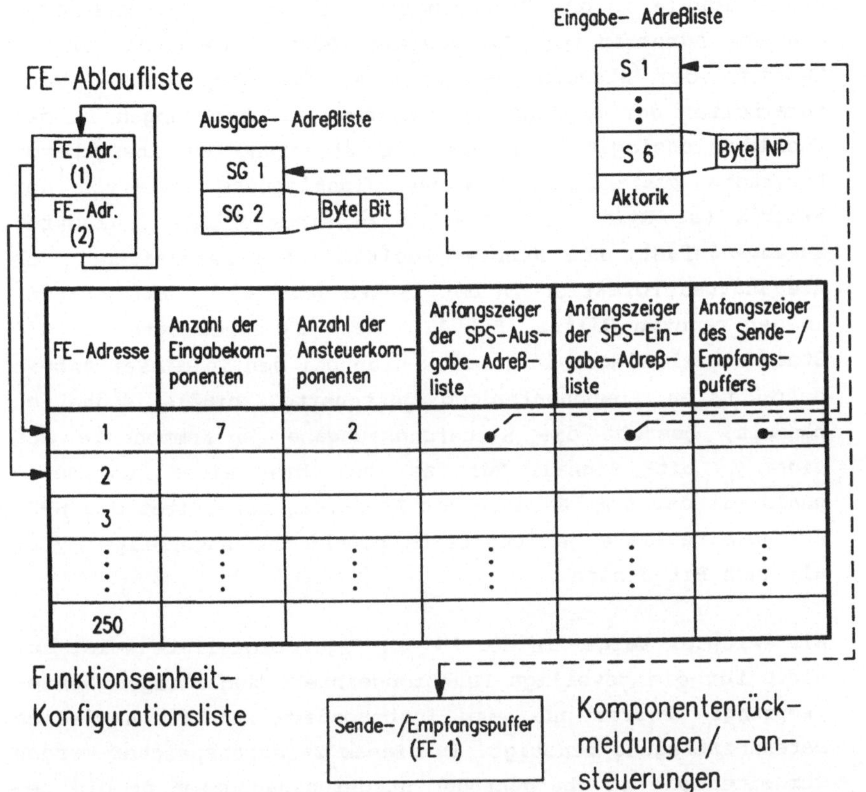

Bild 6-3: Zuordnungs- und Kontrollinformationen für die Signalverarbeitung der verschiedenen Funktionseinheiten

Für die interne dynamische Speicherplatzreservierung ist die Anzahl der Eingabekomponenten (alle Komponenten, von denen eine Rückmeldung erwartet wird) und die Anzahl der Ausgabekomponenten - Stellglieder - bereitzustellen. Darüber hinaus ist für jede Funktionseinheit ein Zeiger auf die betreffende Steuerungsein-/ausgabe- Adreßliste vorzugeben. In der Eingabe- Adreßliste liegen die für die Übergabe der bewerteten

Statussignale in den Eingabebereich der Steuerung zugehörigen SPS- Adressen vor. Die Ausgabe- Adreßliste dient für das
Zuordnen der Steuerungsausgaben an die Komponenten. Nach
Verarbeiten der empfangenen Komponentenrückmeldungen in der
Koordinationslogik wird das der Steuerung zu übergebende
bewertete Zustandsabbild eines Signalgebers bzw. von der
Aktorik (s. Bild 5-18) jeweils zu einem Nibble (Halbbyte)
zusammengefaßt. Die Nibble- Position (NP) kennzeichnet, ob
die Statusinformation in der linken (Bit 4 ... Bit 7) oder
in der rechten Hälfte (Bit 0 ... Bit 3) eines Byte für die
Steuerung abzulegen ist. Da es sich bei den in dieser Arbeit
betrachteten Komponenten um gesteuerte, binäre Einheiten
handelt, besteht die Steuerungsausgabe je Komponente aus
einem 1- bit- Signal. Für das Übernehmen eines Ausgabesi-
gnals aus dem E/A- Bereich der Steuerung beinhaltet die SPS-
Ausgabeadreßliste je Komponente sowohl die zugehörige Byte-
als auch Bitadresse.

Ein weiterer Zeiger in der FE- Konfigurationsliste weist auf
einen für die jeweilige Funktionseinheit zugehörigen Sende-
/Empfangs- Puffer und wird insbesondere bei der seriellen
Datenübertragung benötigt. In diesem Zwischenspeicher werden
zum einen die zu übergebenden Steuerungsausgaben an die betreffende Funktionseinheit sowie die für den Datenaustausch
erforderlichen Kontrollsignale zusammengestellt (Sendetele-
gramm), zum anderen die von den Komponenten übermittelten
Informationen (Empfangstelegramm) bis zu deren Verarbeitung
zwischengespeichert.

6.2.2 Datenübertragung

Die parallele Ein-/ Ausgabe der Signale beruht auf dem
herkömmlichen Prinzip der binären Signalein-/ -ausgabe bei
SPS und wird aus diesem Grund nicht näher erläutert. Wegen
des geänderten Ablaufs bei serieller Datenübertragung, soll
dieser nachfolgend betrachtet werden. Die NATIONAL- Prozes-

sorkarte ist für alle peripheren Einheiten als Master wirksam und beauftragt über den BITBUS- Master die einzelnen BITBUS- Slaves ("Intelligente Klemmleisten"). Das Zusammenstellen der Telegramme für den Datenaustausch geschieht ebenfalls auf der NATIONAL- Karte. Da die Datenübertragung auf dem Master- Slave- Prinzip beruht, ist keine Übertragung über die Zweidrahtleitung möglich, bis der beauftragte Dienst vom zuständigen Slave quittiert, d.h. von diesem der Service erbracht wurde. In der Zeit zwischen Beauftragung und Zurückmelden des ausgeführten Dienstes erfolgt - soweit möglich - das Verarbeiten bereits erhaltener Rückmeldungen (Bild 6-4).

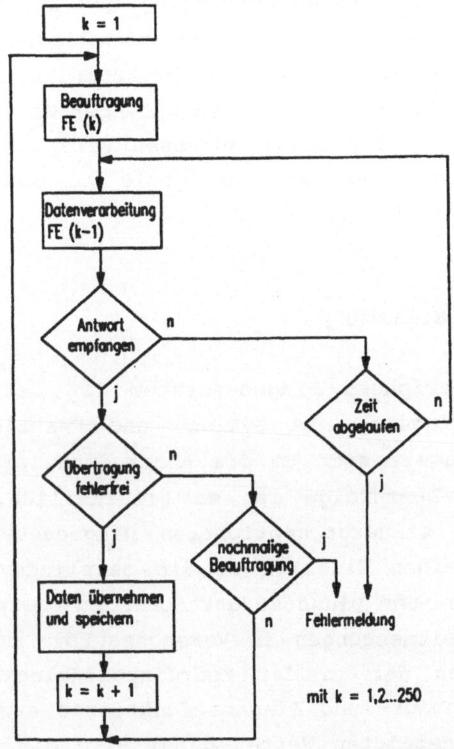

Bild 6-4: Verarbeitungsablauf bei serieller Datenübertragung

Die Rückmeldungen bleiben solange auf der BITBUS- Master-
karte zwischengespeichert, bis sie von der NATIONAL- Prozessorkarte über den lokalen Bus abgeholt werden. Durch ein
Abfrage- Modus (Polling) wird ermittelt, ob der betreffende
Slave den Dienst schon erbracht hat. Ein im Antwort- Tele-
gramm enthaltenes Kontrollbyte gibt Aufschluß über das ordnungsgemäße Ausführen der Datenübertragung. Zwei aufeinan-
derfolgende fehlerhafte Datenübertragungen zu dem gleichen
Slave bzw. das nicht Zurückmelden des Antwort- Telegramms
innerhalb der vorgegebenen Zeit führt dazu, daß der betreffende Slave als gestört gekennzeichnet und eine entsprechende Meldung bereitgestellt wird.

Für eine effektivere Datenübertragung der 1- bit- Signal-
ausgaben werden die Signale für die verschiedenen Komponenten einer Funktionseinheit in der Reihenfolge ihrer Kompo-
nentenadressen angeordnet und zusammengefaßt. Anhand der
Reihenfolge und der bekannten Adressen wird auf der Slave-
Seite das Zuordnen der Ausgabesignale zu den jeweiligen
Komponenten verwirklicht.

6.3 Betrieb und Erfahrung

Das steuerungsperiphere Diagnosesystem ist der Funktionssteuerung vorgelagert. Die Zyklus- und Reaktionszeit der
Steuerung verlängert sich um die Abarbeitungszeit des Diagnoseprogramms. Demzufolge ist es erforderlich, die Abarbeitungszeit im steuerungsperipheren Diagnosesystem gering
zu halten. Um einen Einblick in die zeitliche Abarbeitung
der Überwachungs- und Diagnosefunktionen zu gewinnen, wurden
entsprechende Zeitmessungen im Versuchsaufbau durchgeführt.
Laufzeitmessungen der in der Koordinationslogik implemen-
tierten Überwachungs- und Diagnosefunktionen ergaben die in
Tabelle 6-1 aufgezeigten Werte, dabei wird die in Bild 6-1
sowie im Text erläuterte Komponentenanordnung zugrunde ge-
legt. Infolge des sequentiellen Abarbeitens der Komponen-

Funktion	Zeitdauer [µs]
Auswerten Signalgeberrückmeldungen und Erstellen bewertete Statusmeldungen	736
Auswerten Stellgliedrückmeldungen	132
Auswerten Aktorrückmeldungen	44
Signalüberwachung auf Widersprüchlichkeit	650
Fehlertolerierung von Gebersignalen durch funktionsredundante Anordnung	590
Konformitätsüberwachung der Aktorik (Stellglied - Aktor - Maschinenelement)	196

Tabelle 6-1: Laufzeitmessungen der Überwachungs- und Diagnosefunktionen in der Koordinationslogik

tenlisten werden die darin enthaltenen Komponenten in aufsteigender Reihenfolge ihrer Positionsnummern (s. Bild 5-20) bearbeitet. Die Laufzeiten der Hilfsfunktionen, z.B. für das Suchen eines defekten Gebers, hängen damit von der Position der betreffenden Komponente in der Liste ab. Bei Ausfall des in der Liste an Position 1 stehenden Gebers dauert die Suchzeit 35µs, dagegen vergeht die Zeitdauer von 217µs für das Ermitteln des Gebers an Position 5. Ebenso wird die Zeit für das Rücksetzen der Aktorik vor allem durch die Suchzeit des betroffenen Stellglieds bestimmt, da beispielsweise bei nicht erfüllter Maschinenelementfunktion erst durch Rückverfolgen über die Aktorkomponente das dazugehörende Stellglied ermittelt werden kann. Für den fehlerfreien Fall ergibt sich für das Einlesen der Komponentenrückmeldungen, das Überwachen und Bereitstellen des bewerteten Zustandsabbilds in etwa eine Zykluszeit von 2ms. Unter der Voraussetzung eines Einzelfehlers kann aufgrund der mit dem steuerungsperipheren Diagnosesystem gewonnenen Erfahrung eine Zykluszeit von < 3ms gewährleistet werden. Dabei gilt zu berücksichtigen, daß die gemessenen Zeiten von der verwendeten Prozessorhardware sowie der Umsetzung der Funktionen abhängen.

Die Funktionsfähigkeit sowie Wirksamkeit des steuerungsperipheren Diagnosesystems konnte an der in Bild 6-1 dargestellten Anlage nachgewiesen werden. So wurde bei Ausfall und nachfolgender Fehlertolerierung **eines** Gebersignals (in Bild 6-1 Geber S6) die Funktionsausführung nicht beeinträchtigt. Ein zusätzlicher Signalgeberausfall erlaubte aufgrund der realisierten Anordnung und der verwendeten Signalauswertestrategie im steuerungsperipheren Diagnosesystem kein weiteres Tolerieren von Gebersignalen und führte zum Überfahren der Schaltposition auf Not- AUS. Das Erkennen eines Fehlers in der Aktorik (z.B. Fehlen einer Phase in der Leistungsversorgung des Motors) führt - trotz weiterer Ansteuerung von der SPS - zum Abschalten des Stellglieds durch das Diagnosesystem und belegt damit das Beeinflussen der Signalerzeugung. Anhand der Realisierung konnte auch der Nutzen der in Kap. 5.2 erläuterten Teilüberwachung der Aktorik aufgezeigt werden. Da bei der realisierten Anordnung aus Gründen der Vereinfachung nur eine Verzögerungszeit zurückgeführt wurde, die sich aus den Verzögerungszeiten von Stellglied, Aktor und bewegtem Maschinenelement zusammensetzt, konnte eine Überwachung der Komponenten auf der Steuerungsausgangsseite erst nach Ablauf dieser Zeit erfolgen und bewirkte ein verspätetes Abschalten der Aktorik.

6.4 Fehleranzeige

Fehler und Störungen werden nach ihrem Erkennen aufbereitet und mit der eingeleiteten Reaktion zur Anzeige gebracht (Bild 6-5). Jede Fehlermeldung bleibt solange im Fehlerpool gespeichert, bis die Meldung vom Bediener quittiert wird, was nach erfolgter Störungsbehebung geschehen sollte. Die Meldung wird daraufhin aus dem Fehlerspeicher sowie von der

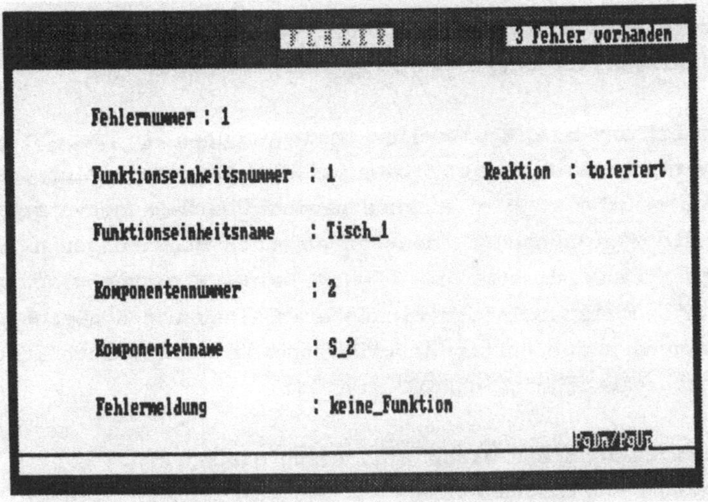

Bild 6-5: Aufbau und Inhalt der Fehleranzeige

Anzeige entfernt, wobei die im Speicher nachfolgende Fehlermeldung eingeblendet wird. Momentan nicht auf dem Bildschirm sichtbare Fehlermeldungen können durch Blättern innerhalb des Fehlerpools angezeigt werden. Tritt der Fehler erneut auf bzw. ist noch akut, so erfolgt eine neue Speicherung und Anzeige des Fehlers. Eine Fehlerquittierung für das steuerungsperiphere Diagnosesystem ist nicht erforderlich, da die ordnungsgemäße Aufgabenerfüllung einer reparierten Komponente automatisch erkannt wird und somit für die weitere Funktionsausführung wieder mit verwendet werden kann (Komponentenreintegration). Das Überprüfen der Fehlermeldungen auf wiederholtes oder erstmaliges Auftreten geschieht im Anzeigesystem und entlastet damit das steuerungsperiphere Diagnosesystem. Alle dem Anzeigesystem übergebenen Fehler werden für eine Klartextanzeige um die entsprechenden Informationen (wie Funktionseinheitenname, Komponentenname, Fehlerursache usw.) ergänzt.

6.5 Oberfläche zur Konfiguration des steuerungsperipheren Diagnosesystems und der Strukturdateneingabe

Notwendig für die Überwachung und Diagnose in der Steuerungsperipherie ist das Wissen um die Komponentenanordnung und des -aufbaus, die einzusetzenden Überwachungsverfahren sowie die Zuordnungen zu den betreffenden Steuerungsein- und -ausgaben. Aus diesem Grund wurde eine Eingabemöglichkeit für die benötigten Informationen erarbeitet und zugleich die nachfolgend aufgeführten Anforderungen an die Darstellungs- und Beschreibungsmöglichkeit gestellt:

- übersichtliche und eindeutige Beschreibung,
- Eingabe ohne Voraussetzung von Programmierkenntnissen,
- funktional zusammengehörend strukturierte Eingabe und
- Anlehnung an bekannte Benutzeroberflächen, so daß eine vertraute und bekannte Bedienung gegeben ist.

Die Benutzeroberfläche für die Informationseingabe orientiert sich deshalb an dem SAA- (System- Application- Architecture) Standard. Ziel dieses Standards ist es, eine Vereinheitlichung der Programmierschnittstellen, der Kommunikationsprotokolle und der Benutzeroberflächen herbeizuführen. Insbesondere die einheitliche
- Tastenzuordnung und -belegung (physische Konsistenz),
- Anordnung und Darstellung von Bildschirmgestaltungs- elementen (syntaktische Konsistenz) sowie
- Bedeutung verwendeter Befehle und Optionen (semantische Konsistenz)
sollen bewirken, daß die Benutzeroberfläche leicht erlern- und bedienbar ist. Die Oberfläche wurde in der Programmiersprache C auf einem Personalcomputer realisiert. Die zur Überwachung und Diagnose notwendigen Daten können mittels einer V.24- Schnittstelle oder über eine BITBUS- Anschaltung an die NATIONAL- Karte (Koordinationslogik) übertragen werden.

- 129 -

Nach dem Übergang von dem Auswahlmenü in die oberste Einga-
beebene (Bild 6-6) dient die erste Maske zur Eingabe von
Daten zu den verschiedenen Funktionseinheiten wie FE- Nummer
und -Name. Weiterhin ist in dieser Maske die SPS- Adresse
für die Übergabe des bewerteten Zustandsabbilds der Aktorik
einzugeben.

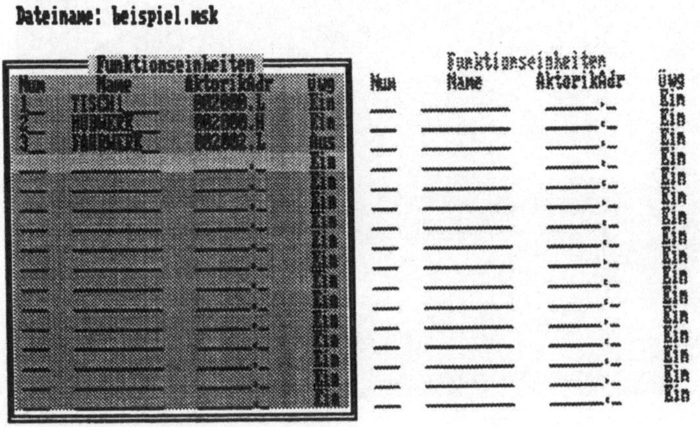

Bild 6-6: Bildschirmmaske zur allgemeinen Informationseingabe für eine Funktionseinheit

Die Reihenfolge der FE- Eintragung in dieser Maske bestimmt
auch die Reihenfolge der FE in der Ablaufliste (s. Bild 6-3)
für die Abarbeitung. Zusätzlich können vom Benutzer für eine
gesamte Funktionseinheit die Überwachungs- und Diagnosefunktionen ein- bzw. ausgeschaltet werden. Bei ausgeschal-
teter Überwachungsfunktion führt das steuerungsperiphere
Diagnosesystem lediglich Steuerungsaufgaben aus, ohne die
betreffenden Steuerungsausgabesignale zu beeinflussen bzw.
die Eingaben zu bewerten.

Zur Eingabe der für die Komponenten benötigten Informationen
muß für jede Funktionseinheit in die dazugehörigen Kompo-

nentenmasken für Signalgeber, Stellglied, Aktor, Maschinenelement und - wenn vorhanden - funktionsredundantem Sensor
gewechselt werden (Bild 6-7).

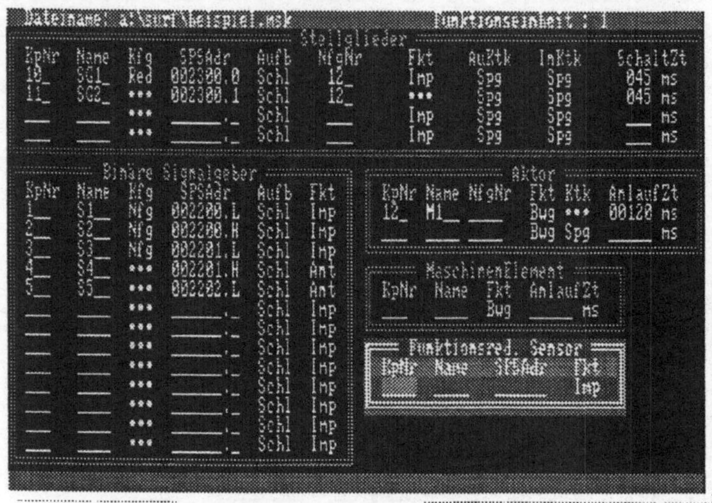

Bild 6-7: Komponentenmasken für die Informationseingabe der Struktur- und Überwachungsdaten

Die einzelnen Masken besitzen den gleichen Grundaufbau und beinhalten
- die Komponentennummer,
- den Komponentennamen,
- die Komponentenanordnung (Maskenelement Kfg),
- die Adresse für den E/A- Speicherbereich der Steuerung,
- den Komponentenaufbau,
- die Nachfolgekomponente (bei Stellglied und Aktor) und
- die verschiedenen Überwachungsverfahren

als einzugebende Maskenelemente. Da die Eingabe der Komponentenanordnung von den übrigen Eingaben abweicht, soll diese kurz anhand von Bild 6-7 und der in Bild 5-20 zugrunde gelegten Anordnung erläutert werden. Besitzt eine Komponente den Eintrag (Kfg = Red), so bildet sie mit der in der Maske nachfolgenden Komponente eine direkte Redundanz (z.B. S1 direkt redundant zu S2). Diese Anwahlmöglichkeit besteht in der Signalgeber- und Stellgliedmaske. Analog zu dieser Eingabeform - jedoch nur in der Signalgebermaske - geschieht die Kennzeichnung eines direkten Gebernachbarn. Bei nicht vorhandenen Komponententypen in einer Funktionseinheit werden in die betreffenden Masken keine Eingaben vorgenommen. Nach Eingabe der Daten für eine FE werden diese nach festgelegter Reihenfolge in einer Datei abgelegt, und können der Koordinationslogik übergeben bzw. zu einem späteren Zeitpunkt erneut editiert werden. Zur Erleichterung der Benutzereingaben sind verschiedene Auswahlmöglichkeiten in bezug auf

- die Komponentenanordnung,
- den Komponentenaufbau und
- die Überwachungsverfahren

vorgegeben und über einen 'toggle- switch' aus- und anwählbar. Daten, deren Eingabe nicht explizit über eine der Masken geschieht, werden selbständig aus den vorliegenden Informationen gewonnen.

6.6 Ausblick

Das beschriebene steuerungsperiphere Diagnosesystem stellt der Steuerung ein um Überwachungs- und Diagnosedaten erweitertes Zustandsabbild zur Verfügung. Für das Implementieren dieser Signale in das Steuerungsprogramm fehlen bislang Hilfsmittel (Tools), so daß der Anwender die zur Verfügung gestellten Überwachungs- und Diagnosedaten einzeln in die Verknüpfungsbedingungen einbinden muß. Dieses bedeutet einen zusätzlichen Aufwand. Aus diesem Grund sind die bis jetzt bekannten Programmiersprachen für speicherprogrammierbare Steuerungen

- für das Einlesen und Integrieren der bewerteten Statussignale von Signalgebern sowie der aus der Aktorik stammenden Signale in das Steuerungsprogramm und

- für ein zeitlich schnelles, automatisches Abarbeiten
  (Überprüfen) der Signale im Steuerungsprogramm
um entsprechende Befehle zu erweitern. Dies erfordert zudem
beträchtliche Änderungen der herkömmlichen SPS- Betriebssy-
steme. Weiterhin sollten die auf einem Programmiergerät für
speicherprogrammierbare Steuerungen zur Verfügung stehenden
Funktionen um Funktionen für die Eingabe der Strukturdaten
erweitert werden, damit der Benutzer ein einheitliches System verwenden kann. In vielen Fällen liegt ein Teil der
Informationen (z.B. Anordnung der Komponenten bzw. Komponentenaufbau) bereits aus der Elektro- Konstruktion auf einem CAE- System vor. Somit ist auch eine direkte Anschaltung
des steuerungsperipheren Diagnosesystems an ein CAE- System
zu überprüfen.

Die Auswertungen der Fehlerstatistiken ergaben auch, daß obwohl sehr differenziert und ins Detail gehende Fehlerer-
fassungsbögen vorliegen, dennoch z.T. keine konsistente Da-
teneintragung erfolgt sowie häufig Fehleintragungen vorgenommen werden. Das eindeutige, automatische Ermitteln von
Fehlerart, -ort und Fehlerursache ermöglicht somit auch eine
zuverlässigere Fehlerdatenerfassung. Bei Erweiterung der aus
dem steuerungsperipheren Diagnosesystem erhaltenen Daten um
- Informationen über den Einbauort,
- gerätetechnische Daten der verwendeten Komponenten sowie
- der Betriebs- und Umgebungseinflüsse und der eingesetzten
  Betriebsstunden
gestattet dies eine aussagefähigere Fehlerstatistik sowie
-analyse.

Erfolgte die Betrachtung des steuerungsperipheren Diagnosesystems bisher rein unter dem Gesichtspunkt einer Erhöhung
der technischen Verfügbarkeit, so bewirkt die ordnungsgemäße
Ausführung der Aufgaben in der Steuerungsperipherie indirekt
auch eine Qualitätsverbesserung des auf der Anlage herge-
stellten Produkts. Das in der Steuerung zu verarbeitende
Zustandsabbild ist aufgrund der steuerungsperipheren Über-

wachung und Bewertung der Signale zuverlässiger als bisherige Rückmeldungen. Das steuerungsperiphere Diagnosesystem ist somit neben der Integration in ein Gesamtdiagnosesystem zur Erfassung von steuerungsexternen Fehlern an binären Komponenten auch in einen Qualitätsregelkreis in Verbindung mit den aus einer Prozeßüberwachung stammenden Meldungen einzubinden. Ein Konzept für ein derart umfassendes Gesamtdiagnose- und Überwachungssystem sowie die möglichen Auswirkungen des steuerungsperipheren Diagnosesystems auf einen Qualitätsregelkreis stellen noch offene Arbeiten dar.

Schließlich ist für eine kostengünstige und flexible Lösung des Datenaustauschs im Feldbereich ein geeignetes Feldbus- bzw. Sensor- Aktor- Bussystem zu entwickeln. Dabei sollte außer einer einheitlichen Schnittstelle für die binären Komponenten - Signalgeber, Stellglied und Aktor - auch eine einheitliche Schnittstelle für 'einfache' und 'komplexere' Baueinheiten zur Steuerung angestrebt werden.

7 Zusammenfassung

Ausgehend von einer Fehleranalyse an Fertigungseinrichtungen
und aufgrund der vor allem durch binäre periphere Komponenten reduzierten technischen Verfügbarkeit, wurde in dieser
Arbeit ein steuerungsperipheres Diagnosesystem erarbeitet
und erprobt. Das steuerungsperiphere Diagnosesystem basiert
auf überwachungsgerechten Signalgebern, Stellgliedern und
Aktoren sowie auf überwachten, bewegten Maschinenelementen.
Für das eindeutige Erkennen von Fehlern und Störungen bereits bei der Signalgewinnung sowie zu Zeiten der Nichtbenutzung von Anlagenteilen wurden bekannte signalbezogene
Überwachungsverfahren erweitert und zu strukturbezogenen
Verfahren kombiniert. Aufgrund der gewonnenen Informationen
können

- Folgefehler und -schäden verhindert,
- die Steuerbarkeit der Anlage trotz vorliegender Fehler und
  Störungen durch Fehlertolerierung aufrechterhalten sowie
- durch Anzeige von Fehlerursache und -ort eine lange Fehlersuche vermieden

werden. Das hierarchisch gegliederte Diagnosesystem ist als
Teil eines Gesamtsteuerungs- und -diagnosesystems zu be-
trachten und ist von der logischen Strukturierung an die
Funktionseinheiten einer Fertigungseinrichtung orientiert.

Für das Ausführen der Aufgaben - Überwachung, Diagnose und
Reaktion - wurde eine Diagnose- und Steuerungsstruktur erarbeitet. Die aus der Überwachung von Einzelkomponenten
(Komponentenüberwachung) sowie aus der gleichzeitigen Überwachung mehrerer Komponenten (Gruppenüberwachung) stammenden
Rückmeldungen dienen als Grundlage für eine nachfolgende
Diagnose und Reaktion. Die dafür benötigten Daten liegen für
die verschiedenen Komponententypen (Signalgeber, Stellglied
usw.) in Komponentenlisten vor. Da die verschiedenen Aufgaben außerhalb und unabhängig von der Steuerung ausgeführt
werden, können nur vom Steuerungsprogramm unabhängige Verfahren verwendet werden. Das Steuerungsprogramm wird damit

um signal- und strukturbezogene Überwachungsverfahren und
hieraus bereits abzuleitende Reaktionsmaßnahmen befreit, was
mit dazu beiträgt, die Reaktionszeit im Fehlerfall zu ver-
kürzen.

Das Abarbeiten und Ausführen der Überwachungs- und Diagnoseaufgaben geschieht in Funktionsbausteinen, die einen bestimmten Teil einer Aufgabe erledigen. Die Funktionsbausteine können in einer Bibliothek hinterlegt werden und sind
lediglich vom Anwender entsprechend der Komponentenanordnung
und des Aufbaus zu konfigurieren bzw. zu parametrieren. Der
Anwender wird damit von der Planung und Projektierung der
Überwachungs- und Diagnoseaufgaben entlastet.

Unter dem Aspekt der Austauschbarkeit von Komponenten sowie
der Weiterverarbeitung der Signale in der Steuerung bzw.
einem Anzeigesystem wurden einheitliche Schnittstellen nach
Dateninhalt und -struktur für den Austausch der Steuerungs-,
Überwachungs- und Diagnosedaten zwischen
- den überwachungsgerechten Komponenten und der für die Auswertung und Verarbeitung zuständigen Koordinationslogik,
- der Koordinationslogik und der Steuerung sowie
- der Koordinationslogik und einem Anzeigesystem
vorgeschlagen. Das steuerungsperiphere Diagnosesystem führt
die Überwachungs- und Diagnoseaufgaben autonom aus. Es kann
deshalb mit unterschiedlichen Steuerungssystemen gekoppelt
werden. Dabei wird der Steuerung ein um Überwachungs- und
Diagnosedaten erweitertes Zustandsabbild übergeben.

Unter dem Aspekt eines offenen und universellen Systems sowie der erforderlichen Zeit für das Abarbeiten der Funktionseinheiten wurden verschiedene Möglichkeiten für den
steuerungsperipheren Diagnosesystemaufbau beurteilt.

Für die Eingabe der Daten über Aufbau und Anordnung der
verwendeten Komponenten ist für die Versuchsanlage eine

Bedienoberfläche nach dem SAA- (System- Application- Architecture) Standard erarbeitet worden.

Das realisierte Konzept des steuerungsperipheren Diagnosesystems wurde an den von einer speicherprogrammierbaren Steuerung gesteuerten Tischen eines Regalbediengerätes erprobt und der Hard- und Softwareaufwand untersucht und abgeschätzt. Die Hardware und die damit verbundene Software ermöglichten den Betrieb der Versuchsanlage und es stellte sich heraus, daß die gezielt eingeleiteten Fehler erwartungsgemäß bearbeitet wurden. Das Diagnosesystem ist somit als ein geeignetes Mittel zur Steigerung der technischen Verfügbarkeit sowie zur Vermeidung des Auftretens von gefährlichen Zuständen für Mensch und Maschine anzusehen.

Schrifttum:

/1/ Weule, H.   Sicherung der Verfügbarkeit hydrauli-
                      scher Anlagen in Planung und Betrieb.
                      O+P "Ölhydraulik und Pneumatik" 33
                      (1989) 1, S. 15 ... 28.

/2/ DIN 19226   Regelungstechnik und Steuerungstechnik
                      - Begriffe und Benennungen.

/3/ Hölscher, H.   Mikrocomputer in der Sicherheitstech-
    Rader, J.   nik.
                      Köln: TÜV Rheinland GmbH, 1984.

/4/ Barschdorff, D.   Diagnosesysteme, Strukturen und Anwen-
                      dungen.
                      GMR- Bericht 1. VDI/ VDE- Gesellschaft
                      für Meß- und Regelungstechnik, 1984.

/5/ Kluft, W.   Werkzeugüberwachung für die Drehbear-
                      beitung.
                      Dr. -Ing. Dissertation TH Aachen,
                      1983.

/6/ Mehles, H.   Moderne Analysetechniken zur Prozeß-
                      und Maschinenüberwachung.
                      VDI- Seminar vom 3. und 4. Juni 1985
                      in Aachen.

/7/ Tönshoff, H.K.   Strategien zur Fehlerdiagnose bei
    Zinngrebe, M.   spanabhebenden Prozessen.
                      GMR- Bericht 1, VDI/ VDE- Gesellschaft
                      für Meß- und Regelungstechnik, 1984.

/8/ Weck, M.   Anwenderprogrammierbares Überwachungs-
    Kühne, L.   und Diagnosesystem.
    Pascher, D.   Ind.- Anz. 105 (1983) 39,
    Vorsteher, D.   S. 15 ... 18.

/9/   Maschinendiagnose in der automatisier-
                    ten Fertigung.
                    Ind.- Anz. 103 (1981) 62,
                    S. 181 ... 190.

/10/ Müller, A.   Der Einsatz betriebssicherer Maschi-
                    nenelemente - eine Grundvoraussetzung
                    für weitergehende Automatisierung.
                    Technische Voraussetzungen zur Nutzung
                    von Produktionsanlagen.
                    Düsseldorf: VDI Gesellschaft Produk-
                    tionstechnik ADB 1985.

/11/ Storr, A.   New Diagnostic Methods of Faults Ex-
     Härdtner, M.   ternal to the Controller at Manufac-
     Diehl, G.   turing Systems.
     Schneider, J. IFIP Working Conference on Diagnostic
                    and Preventive Maintenance Strategies
                    in Manufacturing Systems, September
                    1987, Dubrovnik, Jugoslavia.
                    Amsterdam New York Oxford Tokyo: North
                    Holland, 1988, S. 43 ... 62.

/12/ Diehl, G.   Diagnose in automatisierten Ferti-
     Schneider, J. gungseinrichtungen - Anforderungen,
                    Verfahren und zukünftige Möglichkeiten.
                    Instandhaltungspraxis 1988. Forum 4./5.
                    Mai 1988, Frankfurt- Niederrad.
                    Düsseldorf: VDI- Gesellschaft Produk-
                    tionstechnik (ADB) 1988.

/13/ Storr, A.   Signal transmitters and controlling
     Diehl, G.   elements which fullfil monitoring
                      functions. VDI- Berichte Nr. 644.
                      Düsseldorf:VDI- Gesellschaft Meß- und
                      Automatisierungstechnik, 1987,
                      S. 215 ... 223.

/14/ Weber, E.   Sicherheit beim Schalten.
                      Markt & Technik (1990) 7, S. 52ff.

/15/ Breimesser, F.   Konzepte für Eigentests und automati-
                      sche Korrekturen in Meßeinrichtungen.
                      Technisches Messen tm 53 (1986) 4,
                      S. 133 ... 137.

/16/ Kuntz, W.   Busfähiger intelligenter Sensor für
     Walcher, H.   Winkel und Wege.
                      Technisches Messen tm 53 (1986) 6,
                      S. 229 ... 235.

/17/ Schneider, F.   Der Einfluß der Sensoren auf die Struk-
                      tur mikrorechnerorientierter Meß- und
                      Automatisierungssysteme.
                      Technisches Messen tm 53 (1986) 2,
                      S. 66 ... 70.

/18/ Tränkler, H.-R. Mikrorechnerorientierte Sensorik.
                      HARD and SOFT (1986) 10, Fachbeilage
                      Mikroperipherik

/19/ Tränkler, H.-R. Signalverarbeitungskonzepte.
                      HARD and SOFT (1988) 8/9, Fachbeilage
                      Mikroperipherik

/20/ Lauber, R.   Zuverlässigkeit und Sicherheit in der
Prozeßautomatisierung.
Informatik- Fachberichte Bd. 39,
S. 52 ... 64. Berlin Heidelberg New
York: Springer Verlag, 1981.

/21/ Janning, W.   PC- Steuerungen mit überwachten Ein-
gängen und Ausgängen.
Technisch- wissenschaftliche Veröf-
fentlichung VER 27-665 Fa. Klöckner-
Moeller, Bonn.

/22/   Speicherprogrammierbare Steuerungen -
GENIUS Intelligentes EIN-/ Ausgabesy-
stem für die SERIE SECHS.
Druckschrift der Fa. GE Fanuc Automa-
tion, Frankfurt/ Main.

/23/   DESI- Gerätehandbuch.
Druckschrift der Fa. Robert Bosch GmbH,
Erbach, 1989.

/24/ Grimm, W.   Diagnosesystem für steuerungsperiphere
Fehler an Fertigungseinrichtungen.
ISW Forschung und Praxis, Bd. 65.
Berlin Heidelberg New York Tokyo:
Springer Verlag, 1987.

/25/ Söllner, W.   Diagnose bei Verknüpfungssteuerungen.
Werkstatt und Betrieb 125 (1990) 2,
S. 109 ... 112.

/26/ Eißler, W.   Maschinenzustandsüberwachung durch
    Warnecke, H.-J. Taktzeitanalyse.
wt-z. ind. Fertig. 71 (1981) 3,
S. 133 ... 136.

/27/ Schwager, J.   Diagnose steuerungsexterner Fehler an
                        Fertigungseinrichtungen.
                        ISW- Bericht 48.
                        Berlin Heidelberg New York: Springer
                        Verlag, 1983.

/28/   Diagnosebaugruppe DG für die Steuerun-
                        gen.
                        Bosch PC 200, PC 400. Druckschrift Fa.
                        Bosch, Erbach, 1985.

/29/ König, H.   Entwurf und Strukturanalyse von Steue-
                        rungen für Fertigungseinrichtungen.
                        ISW- Bericht 13.
                        Berlin Heidelberg New York: Springer
                        Verlag, 1976.

/30/ Lauber, R.   Prozeßautomatisierung Bd. 1.
                        Berlin Heidelberg New York London Paris
                        Tokyo: Springer Verlag, 1989.

/31/ Konakovsky, R.   Verfahren zur Erkennung von Einfach-
                        und Doppelausfällen in einem zweikana-
                        ligen Schaltkreissystem.
                        GI-11 Jahrestagung, München 1981,
                        S. 239 ... 306.

/32/ Konakovsky, R.   Verfahren der vollständigen Fehlerer-
                        kennung durch gezielten Einsatz von Di-
                        versität.
                        Informatikfachberichte 167 - Prozeß-
                        rechensysteme '88, R. Lauber (Hrsg.),
                        S. 281 ... 290.
                        Berlin Heidelberg: Springer- Verlag,
                        1988

/33/ Isermann, R.   Prozeß- Fehlerdiagnose mit Mehrsensor-
                       systemen und Prozeßmodellen.
                       NTG- Fachberichte 93, Sensoren- Techno-
                       logie und Anwendung 17.-19.3.86 in Bad
                       Nauheim,
                       Berlin, Offenbach: VDE- Verlag, 1986.

/34/ Delaat, J. C.   A Real- Time Implementation of an Ad-
     Merill, W. C.   vanced Sensor Failure Detection, Isola-
                       tion and Accommodation Algorithm.
                       22 nd Aerospace Science Meeting. Reno,
                       Nevada, January 9-12,1984, NASA Techni-
                       cal Memorandum 83553.

/35/ Dahl, G.   Diagnoseverfahren in der Luft- und
                       Raumfahrt.
                       GMR- Bericht 1, 2.-3.3.1984 in Langen,
                       Düsseldorf: VDI/ VDE- Gesellschaft für
                       Meß- und Regelungstechnik.

/36/ Gehl, W.   Sicherheit bei induktiven Näherungs-
                       schaltern - Funktionssicherheit.
                       industrie- elektrik + elektronik 31
                       (1986) 5, S. 70 ... 78.

/37/   Funktionskontrolle von Näherungsschal-
                       tern - Überwachung in Serie.
                       industrie- elektrik + elektronik 31
                       (1986) 6, S. 34 ... 36.

/38/ Tigges, B.   Funktionsüberwachte Näherungsschalter:
                       Der Trick mit der Blende.
                       industrie- elektrik + elektronik 31
                       (1986) 6, S. 38ff.

/39/ Jaudas, H.   Die angepaßte Induktiv- Sensorik.
                       Sensor report (1990) 3, S. 13 ... 16.

/40/   Ein neuartiges Sicherheitsrelais.
                        eee (1988) 14, S. 43 ... 45.

/41/ Röcker, F.   Automatische Diagnose durch struktu-
                       rierte Programmierung.
                       Düsseldorf: VDI- Berichte Nr. 481,
                       1983, S. 35 ... 41.

/42/ Speicher, H.-J.   Verbesserte Anlagenverfügbarkeit durch
                       neuartige fehlersichere Drehzahlmeß-
                       technik.
                       Automatisierungstechnische Praxis atp
                       31 (1989) 2, S. 63 ... 67.

/43/ IEC SC65A/WG6   Programmable Controllers.
                       Working Draft - Part 3 - Programming
                       Language

/44/ DIN 19239   Steuerungstechnik Speicherprogram-
                       mierbare Steuerungen - Programmierung.

/45/ Diehl, G.   Überwachung und Diagnose in der Steue-
                       rungsperipherie.
                       Elektronik (1989) 16, S. 79 ... 85.

/46/ Diehl, G.   Konzept für ein steuerungsperipheres
                       Diagnosesystem auf der Basis von über-
                       wachungsgerechten Signalgebern, Stell-
                       gliedern und Aktoren.
                       Ind.- Anz. (1990) 85, WGP- Bericht
                       90/66, S. 38 ... 39. Leinfelden- Ech-
                       terdingen: Konradin Fachzeitschriften-
                       verlag.

/47/ Diehl, G.   Überwachung und Diagnose in der Steue-
                        rungsperipherie auf der Basis von über-
                        wachungsgerechten Signalgebern, Stell-
                        gliedern und Aktoren.
                        Tagungsband SPS/ PC '90, S. 204 ...
                        212.
                        Stuttgart: MESAGO Publishing GmbH 1990.

/48/ Kriesel, W.   Fehlertolerante Mikrorechner - Funkti-
     Schäfer, M.   onseinheiten mit der Redundanzart
                        Graceful Degradation.
                        Mikroprozessortechnik 2 (1988) 6,
                        S. 165 ... 167.

/49/ Kriesel, W.   Generationswechsel bei Automatisie-
     Gibas, P.   rungssystemen: Orientierungen zur
                        künftigen Entwicklung.
                        Automatisierungstechnische Praxis atp
                        32 (1990) 1, S. 17 ... 22.

/50/ Bent, R.   Interbus-S - Herstellerneutrale Kommu-
                        nikation für die Sensorik/ Aktorik.
                        Tagungsband SPS/PC/90, S. 145 ... 154,
                        Stuttgart: MESAGO- Publishing GmbH,
                        1990.

/51/   Distributed Control Modules Databook.
                        Santa Clara CA: INTEL Corporation,
                        1987.

/52/ Mutschler, P.   Offenes digitales Kommunikationssystem
                        für numerische Steuerungen und Antriebe
                        in Werkzeugmaschinen. ETG- Fachbericht
                        27, Elektrische Stell- und Positionier-
                        antriebe (1989), S. 187 ... 195.

/53/ Etschberger, K.   Buscontrollerbaustein für echtzeitfä-
     Bogotyrow, K.   hige Netze.
     Fleischer, S.   Elektronik (1989) 25, S. 79 ... 83.

/54/ Schimmele, R.   Rechnerunterstützter Entwurf von Funk-
                      tionssteuerungen für Fertigungseinrich-
                      tungen.
                      ISW- Bericht 41.
                      Berlin Heidelberg New York: Springer
                      Verlag, 1982.

Lebenslauf

Persönliches: Gregor Diehl, geb. am 26.8.1957 in Siegen

                     Eltern: Karl und Luzia Diehl, geb. Schmidt
                     Ehefrau: Martina Diehl, geb. Schmid

Schulbildung: 1964...1967   Volksschule in Deuz
                 1967...1974   Realschule in Netphen
                                Abschluß: Mittlere Reife
                 1974...1977   Rivius Gymnasium in Attendorn
                                Abschluß: Allgemeine Hochschulreife

Studium:

                 1978...1983   Technische Universität Clausthal
                                Studienrichtung: Allgemeiner Ma-
                                schinenbau bis zum Vordiplom (1980)
                                Studienrichtung: Elektrotechnik im
                                Maschinenbau mit Schwerpunkt Infor-
                                mations- und Regelungstechnik nach
                                dem Vordiplom
                                Diplomzeugnis vom 23.11.1983

Berufstätigkeit:
    1977/78   Praktikantentätigkeit bei der Fa.
                                DEUMA
    1.01.1984...31.09.1985   Entwicklungsingenieur bei der Fa.
                                FESTO DIDACTIC
    1.10.1985...31.03.1986   Entwicklungsingenieur bei der Fa.
                                PILZ GmbH
    1.04.1986...31.12.1990   Wissenschaftlicher Mitarbeiter am
                                Institut für Steuerungstechnik
                                der Werkzeugmaschinen und Ferti-
                                gungseinrichtungen der Universi-
                                tät Stuttgart
    seit Januar 1991   Entwicklungsleiter für Sensorik
                                und Elektronik für Maschinenbau
                                bei der Fa. Ott Maschinentechnik
                                GmbH in Kempten

ISW Forschung und Praxis

Berichte aus dem Institut für Steuerungstechnik der Werkzeugmaschinen und Fertigungseinrichtungen der Universität Stuttgart

Herausgegeben bis Band 57 von Prof. Dr.-Ing. G. Stute †
ab Band 58 Prof. Dr.-Ing. G. Pritschow

1   D. Schmid, Numerische Bahnsteuerung, 89 S., 1973

2   H. Schwegler, Fräsbearbeitung gekrümmter Flächen, 111 S., 1972

3   J. Eisinger, Numerisch gesteuerte Mehrachsenfräsmaschinen, 90 S., 1972

4   R. Nann, Rechnersteuerung von Fertigungseinrichtungen, 125 S., 1972

5   G. Augsten, Zweiachsige Nachformeinrichtungen, 140 S., 1972

6   B. Karl, Die Automatisierung der Fertigungsvorbereitung durch NC-Program-
    mierung, 121 S., 1972

7   H. Eitel, NC-Programmiersystem, 117 S., 1973

8   E. Knorr, Numerische Bahnsteuerung zur Erzeugung von Raumkurven auf
    rotationssymetrischen Körpern, 131 S., 1973

9   S. Bumiller, Viskohydraulischer Vorschubantrieb, 123 S., 1974

10 K. Maier, Grenzregelung an Werkzeugmaschinen, 139 S., 1974

11 J. Waelkens, NC-Programmierung, 159 S., 1974

12 E. Bauer, Rechnerdirektsteuerung von Fertigungseinrichtungen, 138 S., 1975

13 H. König, Entwurf und Strukturtheorie von Steuerungen für Fertigungs-
    einrichtungen, 206 S., 1976

14 H. Damsohn, Fünfachsiges NC-Fräsen, 143 S., 1976

15 H. Jetter, Programmierbare Steuerungen, 141 S., 1976

16 H. Henning, Fünfachsiges NC-Fräsen gekrümmter Flächen, 179 S., 1976

17 K. Boelke, Analyse und Beurteilung von Lagesteuerungen für numerisch gesteuerte
    Werkzeugmaschinen, 106 S., 1977

18 F.-R. Götz, Regelsystem mit Modellrückkopplung für variable Streckenverstärkung,
    116 S., 1977

19 H. Tränkle, Auswirkungen der Fehler in den Positionen der Maschinenachsen
    beim fünfachsigen Fräsen, 103 S., 1977

20 P. Stof, Untersuchungen über die Reduzierung dynamischer Bahnabweichungen
    bei numerisch gesteuerten Werkzeugmaschinen, 118 S., 1978

21 R. Wilhelm, Planung und Auslegung des Materialflusses flexibler Fertigungssysteme,
    158 S., 1978

22 N. Kappen, Entwicklung und Einsatz einer direkten digitalen Grenzregelung
    für eine Fräsmaschine mit CNC, 123 S., 1979

23 H. G. Klug, Integration automatisierter technischer Betriebsbereiche, 124 S., 1978

24 D. Binder, Interpolation in numerischen Bahnsteuerungen, 132 S., 1979

25   O. Klingler, Steuerung spanender Werkzeugmaschinen mit Hilfe von Grenzregel-
     einrichtungen (ACC), 124 S., 1979

26   L. Schenke, Auslegung einer technologisch-geometrischen Grenzregelung
     für die Fräsbearbeitung, 113 S., 1979

27   H. Wörn, Numerische Steuersysteme-Aufbau und Schnittstellen eines Mehr-
     prozessorsteuersystems, 141 S., 1979

28   P. B. Osofisan, Verbesserung des Datenflusses beim fünfachsigen NC-Fräsen,
     104 S., 1979

29   J. Berner, Verknüpfung fertigungstechnischer NC-Programmiersysteme, 101 S., 1979

30   K.-H. Böbel, Rechnerunterstützte Auslegung von Vorschubantrieben, 113 S., 1979

31   W. Dreher, NC-gerechte Beschreibung von Werkstücken in fertigungstechnisch
     orientierten Programmiersystemen, 105 S., 1980

32   R. Schurr, Rechnerunterstützte Projektsteuerung hydrostatischer Anlagen, 115 S., 1981

33   W. Sielaff, Fünfachsiges NC-Umfangfräsen verwundener Regelflächen. Beitrag
     zur Technologie und Teileprogrammierung, 97 S., 1981

34   J. Hesselbach, Digitale Lageregelung an numerisch gesteuerten Fertigungs-
     einrichtungen, 111 S., 1981

35   P. Fischer, Rechnerunterstützte Erstellung von Schaltplänen am Beispiel der
     automatischen Hydraulikplanzeichnung, 111 S., 1981

36   U. Ackermann, Rechnerunterstützte Auswahl elektrischer Antriebe für
     spanende Werkzeugmaschinen, 118 S., 1981

37   W. Döttling, Flexible Fertigungssysteme – Steuerung und Überwachung des
     Fertigungsablaufs, 105 S., 1981

38   J. Firnau, Flexible Fertigungssysteme – Entwicklung und Erprobung eines
     zentralen Steuersystems, 112 S., 1982

39   A. Herrscher, Flexible Fertigungssysteme – Entwurf und Realisierung
     prozeßnaher Steuerungsfunktionen, 103 S., 1982

40   U. Spieth, Numerische Steuersysteme – Hardwareaufbau und Ablaufsteuerung
     eines Mehrprozessorsteuersystems, 115 S., 1982

41   A. Schimmele, Rechnerunterstützter Entwurf von Funktionssteuerungen für
     Fertigungseinrichtungen, 106 S., 1982

42   M. Sanzenbacher, NC-gerechte Beschreibung von Werkstücken mit gekrümmten
     Flächen, 105 S., 1982

43   W. Walter, Interaktive NC-Programmierung von Werkstücken mit gekrümmten
     Flächen, 112 S., 1982

44   J. Huan, Bahnregelung zur Bahnerzeugung an numerisch gesteuerten
     Werkzeugmaschinen, 95 S., 1982

45   H. Erne, Taktile Sensorführung für Handhabungseinrichtungen – Systematik und
     Auslegung der Steuerungen, 111 S., 1982

46   D. Plasch, Numerische Steuersysteme – Standardisierte Softwareschnittstellen in
     Mehrprozessor-Steuersystemen, 112 S., 1983

47   Z. L. Wang, NC-Programmierung – Maschinennaher Einsatz von fertigungstechnisch
     orientierten Programmiersystemen, 103 S., 1983

48   J. Schwager, Diagnose steuerungsexterner Fehler an Fertigungseinrichtungen,
     121 S., 1983

49   P. Klemm, Strukturierung von flexiblen Bediensystemen für numerische
     Steuerungen, 113 S., 1984

50   W. Runge, Simulation des dynamischen Verhaltens elektrohydraulischer Schaltungen –
Einsatz von geräteorientierten, universellen Simulationsbausteinen, 132 S., 1984

51   H. Steinhilber, Planung und Realisierung von Werkzeugversorgungssystemen
für die NC-Bearbeitung, 126 S., 1984

52   R. Ohnheiser, Integrierte Erstellung numerischer Steuerdaten für flexible
Fertigungssysteme, 115 S., 1984

53   M. Keppeler, Führungsgrößenerzeugung für numerisch bahngesteuerte Industrieroboter, 125 S., 1984

54   P. Kohler, Automatisiertes Messen mit NC-Werkzeugmaschinen, 129 S., 1985

55   K.-H. Rieger, Rechnerunterstützte Projektierung der Hardware und Software von
Speicherprogrammierten Steuerungen, 123 S., 1985

56   G. Vogt, Digitale Regelung von Asynchronmotoren für numerisch gesteuerte
Fertigungseinrichtungen, 126 S., 1985

57   S. Chmielnicki, Flexible Fertigungssysteme – Simulation der Prozesse als Hilfsmittel
zur Planung und zum Test von Steuerprogrammen, 120 S., 1985

58   W. Renn, Struktur und Aufbau prozeßnaher Steuergeräte zur Verkettung in flexiblen
Fertigungssystemen, 137 S., 1986

59   K. Harig, Quantisierung im Lageregelkreis numerisch gesteuerter Fertigungseinrichtungen, 113 S., 1986

60   H. Frank, Programmier- und Überwachungsfunktionen für teileartbezogene
NC-Werkzeugmaschinen, 115 S., 1986

61   H. Möller, Integrierte Überwachungs- und Diagnose-Systeme für numerische
Steuerungen, 131 S., 1986

62   H. Fink, Einsatz speicherprogrammierbarer Steuerungen in der Fertigungstechnik, 126 S., 1986

63   J. Fleckenstein, Zustandsgraphen für SPS – Grafikunterstützte Programmierung und
steuerungsunabhängige Darstellung, 139 S., 1987

64   E. Wagner, Steuerungen von Koordinatenmeßgeräten mit schaltenden und messenden
Tastsystemen, 133 S., 1987

65   W. Grimm, Diagnosesystem für steuerungsperiphere Fehler an Fertigungseinrichtungen, 143 S., 1987

66   W. Swoboda, Digitale Lageregelung für Maschinen mit schwach gedämpften
schwingungsfähigen Bewegungsachsen, 141 S., 1987

67   G. Gruhler, Sensorgeführte Programmierung bahngesteuerter Industrieroboter,
119 S., 1987

68   B. Walker, Konfigurierbarer Funktionsblock Geometriedatenverarbeitung für numerische
Steuerungen, 125 S., 1987

69   J. Mayer, Werkzeugorganisation für flexible Fertigungszellen und -systeme, 126 S., 1988

70   R. Lederer, Programmierung von NC-Drehmaschinen mit mehreren Werkzeug-
schlitten, 120 S., 1988

71   G. Häberle, NC-Musterprogrammierung für die rechnerintegrierte Textil-
fertigung, 127 S., 1988

72   D. Pfeiffer, Kompensation thermisch bedingter Bearbeitungsfehler durch prozeßnahe
Qualitätsregelung, 135 S., 1988

73   W. Schmidt, Grafikunterstütztes Simulationssystem für komplexe Bearbeitungsvorgänge
in numerischen Steuerungen, 141 S., 1988

74   M. Egner, Hochdynamische Lageregelung mit elektrohydraulischen Antrieben,
147 S., 1988

75   W. Schittenhelm, Konfigurierbares Bedienungssystem für Steuerungen an Fertigungs-
     einrichtungen, 136 S., 1988

76   D. Scheifele, Grafisch dynamische Simulation des Bearbeitungsvorgangs für
     Doppelschlittendrehmaschinen, 121 S., 1988

77   G. Keuper, Automatisierte Identifikation der Streckenparameter servohydraulischer
     Vorschubantriebe, 152 S., 1989

78   K.-H. Kayser, Kollisionserkennung in numerischen Steuerungen mit der Distanz-
     feldmethode, 131 S., 1989

79   R. Viefhaus, Fräsergeometriekorrektur in Numerischen Steuerungen, 157 S., 1989

80   J. Zirbs, Fertigungsgerechte Aufbereitung von Flächenverbänden bei der NC-
     Programmierung im Formenbau, 130 S., 1989

81   W. Ruoff, Optische Sensorsysteme zur On-line-Führung von Industrierobotern,
     123 S., 1989

82   M. Jantzer, Bahnverhalten und Regelung fahrerloser Transportsysteme ohne
     Spurbindung, 131 S., 1990

83   H. Schumacher, Einheitliche Programmierung von Automatisierungskomponenten
     roboterbestückter Bearbeitungs- und Montagezellen, 116 S., 1991

84   J. Schimonyi, NC-Programmierung für das Werkzeugschleifen, 122 S., 1991

85   K.-H. Wurst, Flexible Robotersysteme – Konzeption und Realisierung modularer
     Roboterkomponenten, 164 S., 1991

86   R. Hagl, Erhöhung der Verfügbarkeit von Vorschubantrieben mit selbstanpassender
     Lageregelung, 126 S., 1991

87   G. Krebser, Betriebssystem für NC mit einheitlichen Schnittstellen, 130 S., 1992

88   W.-T. Lei, Flächenorientierte Steuerdatenaufbereitung für das fünfachsige Fräsen,
     134 S., 1992

89   G. Diehl, Steuerungsperipheres Diagnosesystem für Fertigungseinrichtungen auf Basis
     überwachungsgerechter Komponenten, 140 S., 1992